高职高专"十三五"规划教材
辽宁省职业教育改革发展示范校建设成果

石油地质

高文阳　赵　宁　刘　杰　主编

化学工业出版社
·北京·

《石油地质》教材建立了以工作体系为基础的内容体系，以学习情境进行划分，以学习任务为落实点，分别介绍了报表填写、样品资料收集、岩样的描述、图表绘制、样品测试、资料解释评价等方面的内容。让读者清楚地了解石油地质的采样与分析，内容丰富，条理清晰。

本教材可供高职油气开采技术专业、石油工程技术专业师生使用。

图书在版编目（CIP）数据

石油地质/高文阳，赵宁，刘杰主编．—北京：化学工业出版社，2019.6（2025.7重印）
高职高专"十三五"规划教材
ISBN 978-7-122-34055-9

Ⅰ.①石… Ⅱ.①高…②赵…③刘… Ⅲ.①石油天然气地质-高等职业教育-教材 Ⅳ.①P618.130.2

中国版本图书馆CIP数据核字（2019）第044759号

责任编辑：满悦芝　丁文璇　于　水　　　　　　　　装帧设计：张　辉
责任校对：宋　玮

出版发行：化学工业出版社（北京市东城区青年湖南街13号　邮政编码100011）
印　　装：北京科印技术咨询服务有限公司数码印刷分部
787mm×1092mm　1/16　印张12½　字数307千字　2025年7月北京第1版第3次印刷

购书咨询：010-64518888　　　　　　　　　　　　　售后服务：010-64518899
网　　址：http://www.cip.com.cn
凡购买本书，如有缺损质量问题，本社销售中心负责调换。

定　价：45.00元　　　　　　　　　　　　　　　　　　版权所有　违者必究

序

世界职业教育发展的经验和我国职业教育的历程都表明,职业教育是提高国家核心竞争力的要素之一。近年来,我国高等职业教育发展迅猛,成为我国高等教育的重要组成部分。《国务院关于加快发展现代职业教育的决定》、教育部《关于全面提高高等职业教育教学质量的若干意见》中都明确要大力发展职业教育,并指出职业教育要以服务发展为宗旨,以促进就业为导向,积极推进教育教学改革,通过课程、教材、教学模式和评价方式的创新,促进人才培养质量的提高。

盘锦职业技术学院依托于省示范校建设,近几年大力推进以能力为本位的项目化课程改革,教学中以学生为主体,以教师为主导,以典型工作任务为载体,对接德国双元制职业教育培训的国际轨道,教学内容和教学方法以及课程建设的思路都发生了很大的变化。因此开发一套满足现代职业教育教学改革需要、适应现代高职院校学生特点的项目化课程教材迫在眉睫。

为此学院成立专门机构,组成课程教材开发小组。教材开发小组实行项目管理,经过企业走访与市场调研、校企合作制定人才培养方案及课程计划、校企合作制定课程标准、自编讲义、试运行、后期修改完善等一系列环节,通过两年多的努力,顺利完成了四个专业类别20本教材的编写工作。其中,职业文化与创新类教材4本,化工类教材5本,石油类教材6本,财经类教材5本。本套教材内容涵盖较广,充分体现了现代高职院校的教学改革思路,充分考虑了高职院校现有教学资源、企业需求和学生的实际情况。

职业文化类教材突出职业文化实践育人建设项目成果;旨在推动校园文化与企业文化的有机结合,实现产教深度融合、校企紧密合作。教师在深入企业调研的基础上,与合作企业专家共同围绕工作过程系统化的理论原则,按照项目化课程设计教材内容,力图满足学生职业核心能力和职业迁移能力提升的需要。

化工类教材在项目化教学改革背景下,采用德国双元培育的教学理念,通过对化工企业的工作岗位及典型工作任务的调研、分析,将真实的工作任务转化为学习任务,建立基于工作过程系统化的项目化课程内容,以"工学结合"为出发点,根据实训环境模拟工作情境,尽量采用图表、图片等形式展示，对技能和技术理论做全面分析，力图体现实用性、综合性、典型性和先进性的特色。

石油类教材涵盖了石油钻探、油气层评价、油气井生产、维修和石油设备操作使用等领域，拓展发展项目化教学与情境教学，以利于提高学生学习的积极性，改善课堂教学效果，对高职石油类特色教材的建设进行积极探索。

财经类教材采用理实一体的教学设计模式，具有实战性；融合了国家全新的财经法律法规，具有前瞻性；注重了与其他课程之间的联系与区别，具有逻辑性；内容精准、图文并茂、通俗易懂，具有可读性。

在此，衷心感谢为本套教材策划、编写、出版付出辛勤劳动的广大教师、相关企业人员以及化学工业出版社的编辑们。尽管我们对教材的编写怀抱敬畏之心，坚持一丝不苟的专业态度，但囿于自己的水平和能力，疏漏之处在所难免。敬请学界同仁和读者不吝指正。

周铭

盘锦职业技术学院　院长

2019 年 1 月

前言

石油地质是高职油气开采技术、石油工程技术等专业的核心课程。其内容是学生进入企业工作必须具备的知识和能力,以岩样的采集、岩样的描述、资料的解释评价为主要内容。我们通过典型工作任务分析法,校企合作,共同开发《石油地质》教材。在教材开发过程中,以提高职业能力作为教材价值取向,关注个体、企业、行业3个层面的需求,教材围绕职业分析进行设计。坚持能力本位,拓展学生的视野和知识面,培养他们的技能素质和综合素质。

本教材的编写坚持以职业活动为导向、以职业技能为核心的原则,打破了过去传统教材的学科性编写模式,具有如下特点。

(1) 课程结构模块化

主要体现在:其一,以工作分析为基础,其课程内容来自于工作任务模块的转换,从而建立了以工作体系为基础的课程、课程内容体系。这是"重构"意义上的模块化。其二,课程内容以具体化的工作任务(行动化的学习任务)为载体,每一个任务都包括实践知识、理论知识、职业态度和情感等内容且建立了相对完整的系统。这是"综合"意义上的模块化。

(2) 课程内容综合化

主要体现在理论知识与实践知识的综合,职业技能与职业态度的综合。实现"综合"的关键是课程载体的具体化。课程载体来自于职业岗位的具体工作内容,如报表的填写、资料的采集、岩样的描述、图表的绘制、岩样的测试、资料评价等,从而使课程载体由抽象的概念转变为具体的任务,并且融理论、实践一体,融技能、态度于一体。这样的载体不仅是课程开发的载体,还是教学实施的载体。

(3) 课程实施一体化

主要体现在实施主体、教学过程、教学场所等3方面的变化。就教学过程而言,做到教学过程与工作过程的结合,做到学生心理过程与行动过程的一体,也就是融"教、学、做"为一体,构建以合作为主题的新型师生、生生关系,真正突显学习者的中心地位。就教学场所而言,做到传统教室、专业教室、实训室或企业现场的三者结合。

《石油地质》由高文阳、赵宁、刘杰任主编，方明君、张翠婷、张金东任副主编，全书由高文阳统稿。编著人员分工如下：

张翠婷：学习情境一中任务一、任务二；

马爽：学习情境一中任务三；

方明君：学习情境二中任务一、任务二；

赵宁：学习情境二中任务三～任务七；

高文阳：学习情境三，学习情境四；

张金东：学习情境五中任务一、任务二；

赵志明：学习情境五中任务三；

刘杰：学习情境五中任务四，学习情境六。

本教材的编写得到盘锦职业技术学院和盘锦中录油气技术服务有限公司领导和同事的大力支持，特此致谢。感谢盘锦中录油气技术服务有限公司总经理黄子舰为本书提出的宝贵意见。盘锦中录油气技术服务有限公司杨哲，学生赵然、张广辉、李孝鑫、徐明泽或协助查阅资料，或协助输入文字、插图及校对等，为编者提供了不少帮助。在此一并表示衷心感谢！

由于编者水平有限，不妥之处在所难免，恳请广大读者提出批评和宝贵意见。

编者

2019 年 1 月

目录

学习情境一　报表填写 ··· **1**
任务一　填写地质生产记录 ··· 1
任务二　填写地质日志 ··· 9
任务三　填写钻井基本数据表 ··· 13

学习情境二　样品资料的收集 ··· **19**
任务一　计算实测岩屑迟到时间 ··· 19
任务二　采集岩屑 ··· 22
任务三　岩心出筒、清洗、丈量及整理 ·· 29
任务四　测定钻井液的密度和黏度 ·· 34
任务五　收集钻井过程中油气水显示资料 ··· 38
任务六　收集复杂钻井情况下的录井资料 ··· 42
任务七　收集钻井工程事故资料 ··· 46

学习情境三　岩样的描述 ··· **52**
任务一　描述岩屑 ··· 52
任务二　描述岩心 ··· 60
任务三　描述井壁取心 ··· 73

学习情境四　图表绘制 ·· **80**
任务一　绘制地质预告图 ·· 80
任务二　绘制岩屑录井综合图 ·· 85
任务三　绘制岩心录井综合图 ·· 96

学习情境五　样品测试 ··· **106**
任务一　样品热解测试 ··· 106
任务二　样品热蒸发烃测试 ··· 111

任务三　样品轻烃测试……………………………………………………………… 114
任务四　样品红外光谱测试……………………………………………………… 119

学习情境六　资料解释评价 ……………………………………………………… **125**
任务一　样品热解资料分析、评价……………………………………………… 125
任务二　样品热蒸发烃资料分析、评价………………………………………… 134
任务三　样品轻烃资料分析、评价……………………………………………… 156
任务四　样品红外光谱资料分析、评价………………………………………… 180
任务五　热解资料解释评价……………………………………………………… 188

参考文献 ……………………………………………………………………………… **192**

学习情境一
报表填写

任务一 填写地质生产记录

一、学习目标
能用仿宋字或计算机录入方法填写地质生产记录。

二、任务实施
（一）填写地质观察记录

1. 工程简介

按时间顺序简述钻井过程的进展情况、技术措施和井下复杂情况。

（1）填写格式

① 按时间顺序记录当班主要的施工项目。

② 时间精确到分，起止时间用"—"隔开。

（2）填写内容

① 第一次开钻时，记录补心高度、开钻时间、钻具结构、钻头类型及尺寸、开钻钻井液类型。

② 第二、第三次开钻时，记录开钻时间、钻头类型及尺寸、钻具结构、水泥塞深度及厚度、开钻钻井液性能。

③ 发生井漏时记录漏失起止时间、井段、漏失量、漏失黏度、漏失前后的钻井液性能，并分析漏失原因，记录堵漏情况。

④ 侧钻时，记录侧钻原因、侧钻前水泥塞位置、侧钻起始深度、侧钻结果。

⑤ 卡钻时，记录卡钻原因、井深、钻头位置、卡点及当班处理情况。

⑥ 泡油时，记录泡油井段、浸泡时间、油的种类和数量、泡油后的结果及钻井液的含油情况，并留油样保存。

⑦ 打捞时，应记录鱼顶位置、落鱼长度、落鱼名称、套铣及打捞情况。

⑧ 填井时，应记录填井原因、填井方式和填固井段。

2. 录井资料收集情况

录井资料收集情况是观察记录的主要内容之一，填写时应力求详尽、准确。一般应填写下列内容。

(1) 岩屑

填写取样井段、间距、包数，并对主要岩性、特殊岩性、标准层进行简要描述。

(2) 钻井取心

填写取心井段、进尺、岩心长、收获率、主要岩性、油砂长度。

(3) 井壁取心

填写取心井深、层位、总颗数、发射率、收获率、岩性简述。

(4) 测井

填写测井时间、项目、井段、比例尺、最大井斜和方位角。

(5) 工程测斜

填写测时井深、测点井深和斜度。

(6) 钻井液性能

填写相对密度、黏度、失水量、泥饼、含砂量、切力、pH 值。

3. 地层、岩性、油气水显示

(1) 地层

填写钻遇地层名称，若当班有两种地层，则用"＋"号相连，第一次开钻填写地层全称，以后没有新地层出现，填写组（群）或段。

(2) 岩性

填写主要岩性名称。

(3) 油气水显示情况

填写含油岩心、岩屑数据，气测异常、地化异常显示数据及钻井液槽面显示（显示的起止时间、钻头井深、显示高潮时间、槽面上涨高度、气泡大小和颜色、占槽面百分比），井涌、井喷（井深，时间，喷势，喷出物的高度、性质、数量及喷涌前后钻井液性能的变化）、放空、钻井液漏失等情况。没有油气显示时填写"无显示"。

4. 其他

(1) 填写时间

填写迟到时间实测情况和正使用的迟到时间。

(2) 填写井控观察

起钻后每两小时观察记录一次，具体观察时间从所有钻具离开井口到下次管具开始入井口为止。

(3) 对下述问题应给予记录

① 原设计规定的施工项目发生变动时，要记录变动内容、原因及实施情况，如取心、测井、井壁取心、加深钻井等。

② 根据实钻情况，地质在原设计基础上新增的施工项目，要记录项目内容及其情况，如见显示取心、井底见显示后加深钻进、提前完钻、中途测试等。

③ 因工程原因增加的施工项目，如工程电测原因、工程加深钻进原因。

④ 井场无法提供清水洗砂时，要逐班记录，并留污水样。

⑤ 因工程条件造成资料质量下降时，应详细记录影响因素、时间和井段，如井涌、井喷、振动筛坏、架空槽无梯子、不具备槽面观察条件、校迟到时间的排量无法测量。

⑥ 钻时仪、综合录井仪、气测仪、地化仪、P-K 仪工作情况及发现异常情况。

（4）工程参数

填写钻压（kN）、泵压（MPa）、排量（L/min）、转盘转数（r/min）等。

（5）当班遇到的问题及下班应注意事项的提示

（二）填写荧光记录

1. 日期

填写值班日期，日/月。

2. 井深

按录井间距填写井深，单位为 m，保留整数。

3. 岩性

凡油气显示层和油气显示条带均填全岩性，其余空着。

4. 湿照

① 占岩屑百分比：填写发光（含油）岩屑占该包岩屑总量的百分比（体积分数），用百分数表示，保留整数，无发光岩屑的空着。

② 发光特征：填写岩屑湿照的荧光颜色，无荧光的填"无"。

③ 分析人：填写岩屑荧光湿照人的姓名。

5. 干照

① 占岩屑百分比：填写发光（含油）岩屑占该包岩屑总量的百分比（体积分数），用百分数表示，保留整数，无发光岩屑的空着。

② 发光特征：填写岩屑干照的荧光颜色，无荧光的填"无"。

③ 分析人：填写岩屑荧光干照人的姓名。

6. 对比分析

① 级别：填写含油岩屑浸泡后系列对比的级别。

② 发光特征：填写岩屑系列对比样荧光下的颜色。

③ 分析人：填写做系列对比人的姓名。

（三）填写交接班记录

1. 日期

填写年、月、日。

2. 班次

按值班的班次填写起止时间。

3. 值班人

填写值班人姓名。

4. 接班人

填写接班人姓名。

5. 资料情况

① 本班油气显示：填写本班发现油气显示的总层数、总厚度，单位为米/层。

② 本班槽面显示：填写当班发现槽面显示的次数。

③ 砂样台砂样：填写交班时砂样台上共有砂样的包数。

④ 气测异常：填写本班发现气测异常井段的层数。

⑤ 下一班取资料项目变化预告：填写下一班取资料间距变化预告。

6. 钻井液性能

记录每两小时测量的钻井液的相对密度及对应井深（单位为 m，保留整数）、测量时间（单位为 min）、黏度（单位为 Pa·s）。

7. 钻具

① 钻杆：填写送钻杆总数、现场钻杆总数，填写入井钻杆、大门口坡道钻杆、钻台上钻杆、回收钻杆根数，并注明其中的坏钻杆根数、鼠洞钻杆、场地钻杆、未编号钻杆根数，单位为根。

② 钻铤：填写送钻铤总数、回收钻铤根数、现有钻铤总数，并注明其中的坏钻铤总数、入井钻铤根数、场地钻铤根数、坡道钻铤根数、钻台钻铤根数，单位为根。

8. 工具

安全帽、荧光灯、木尺、铁锹、闹钟、电炉、捞砂盆、钢卷尺、电风扇、计算器、文具盒、砂样台等的数量。

（四）填写钻具记录

1. 单根编号

填写入井钻杆单根的顺序号。

2. 单根长

填写丈量后的钻杆单根长度，单位为 m。

3. 立柱编号及立柱长

三个单根连接组成一个立柱长，填写立柱长及立柱的顺序号。

4. 累计长

填写单根入井的累计长度。

5. 单根打完井深

填写钻具总长加上方钻杆长，即为单根打完井深。

6. 备注栏

填写钻铤、钻杆的钢号等。

7. 倒换钻具情况

记录替入、替出钻具的长度、钢号、倒换位置和计算结果。

8. 处理工程事故

记录钻具组合结构情况及打捞工具的名称、型号、长度等。

三、注意事项

① 按照石油天然气集团公司"探井地质资料录取整理有关规范"的要求填写。

② 数据必须齐全、准确，差错率低于 3/1000。

四、任务考核

（一）填写地质观察记录

1. 考核要求

① 如违章操作，将停止考核。

② 考核方式：本项目为实际操作任务，考核过程按评分标准及操作过程进行。

2. 配分、评分标准（表1-1）

表1-1 填写地质观察记录评分标准

序号	考核内容	考核要求	考核标准	配分	得分
1	工程简况	要求按时间顺序简述钻井过程的进展情况、技术措施和井下特殊现象。要明确填写具体内容。要按照填写要求填写开钻、井漏、侧钻、卡钻、泡油、打捞、填井等简明情况。当班遇到的必须填写，没有遇到可不填	未按要求填写，错一处扣1分；填写内容不全，少一项扣2分；各项内容未按规定填写，错一处扣0.5分	20	
2	录井资料收集情况	要按照录取资料的填写要求详尽、准确地填写。要重点填写岩屑录取情况、钻井取心情况、井壁取心情况及测井情况，同时要填写测斜情况及钻井液性能情况。各项内容必须按填写规定填写	内容不全，少一项扣2分；数据每错一处扣2分；特殊情况未按要求填写扣3分	35	
3	地层、岩性、油气水显示	要求简明填写钻遇地层、岩性、油气水显示情况。各项内容要按具体要求执行，不能漏、错。没有油气显示时要求填写"无显示"	内容不全，少一大项扣10分；小项内容填写不全，少一项扣1分；数据错一处扣1分；特殊情况未按要求填写，少一项扣1分；无油气显示而未注明扣3分	35	
4	其他情况	要求根据实际情况填写当班遇到的其他情况，要简明填写迟到时间情况、井控观察等。对于特殊问题应给予记录。如设计变更情况、新增施工项目的原因、洗砂水质、录井资料质量情况及原因、设备运转情况及工程参数等	内容不全，少一项扣2分；对于特殊情况，记录少一项扣1分；数据错一处扣1分	10	
备注	时间为20min。要提供15～25包岩屑，要求填写10～20m井段		合计	100	
			考评员签字： 年 月 日		

3. 工具、材料、设备（表1-2）

表1-2 填写地质观察记录工具、材料、设备表

序号	名称	规格	单位	数量	备注
1	荧光记录		张	若干	提供15～25包岩屑
2	钢笔		支	1	
3	荧光灯		台	1	
4	滤纸		份	若干	
5	氯仿		瓶	1	
6	系列对比样		瓶	1	

（二）填写荧光记录
1. 考核要求

① 如违章操作，将停止考核。
② 考核方式：本项目为实际操作任务，考核过程按评分标准及操作过程进行。

2. 配分、评分标准（表1-3）

表1-3　填写荧光记录评分标准

序号	考核内容	考核要求	考核标准	配分	得分
1	填写日期、井深、岩性	要按照填写格式填写值班日期、井深。对于有油气显示层和油气显示层条带的均应填全岩性，其余空着	未按要求填写，错一处扣2分；井深未保留整数，一处扣1分；岩性填错一处扣2分	20	
2	荧光湿照、干照情况	要求简明填写含油岩屑占岩屑百分比、含油岩屑发光特征及分析人。各项内容填写时要按照填写规范执行	未按要求填写，每错一处扣2分；占岩屑百分比未保留整数，一处扣2分；少填干照或湿照颜色，少一项扣2分；未填写对应层分析人，扣1分	55	
3	对比分析情况	要简明填写系列对比级别、发光特征及分析人。各项内容填写时要按照填写规范执行	未按要求，每错一处扣2分；少一大项扣7分，项目内容错一处扣2分	25	
备注	时间为20min。要提供15～25包岩屑，要求填写10～20m井段		合计	100	
			考评员签字： 　　年　月　日		

3. 工具、材料、设备（表1-4）

表1-4　填写荧光记录工具、材料、设备表

序号	名称	规格	单位	数量	备注
1	观察记录表		张	若干	准备100～200m一个班的资料
2	钢笔		支	1	
3	荧光灯		台	1	
4	滤纸		份	若干	
5	氯仿		瓶	1	
6	稀盐酸	质量分数5%	瓶	1	
7	钻具记录		张	若干	

（三）填写交接班记录

1. 考核要求

① 如违章操作，将停止考核。
② 考核方式：本项目为实际操作任务，考核过程按评分标准及操作过程进行。

2. 配分、评分标准（表1-5）

表1-5　填写交接班记录评分标准

序号	考核内容	考核要求	考核标准	配分	得分
1	填写日期、班次、值班人、接班人	要按照规范填写值班日期、值班人、接班人。值班日期要求填写班次、起止时间	未按要求填写，少一大项扣3分，每一小项错一处扣1分；值班日期格式错扣1分	10	

续表

序号	考核内容	考核要求	考核标准	配分	得分
2	填写资料情况	要根据情况填写本班钻遇油气显示、槽面显示及砂样台砂样包数、气测异常情况，以及下一班取资料项目变化预告情况	未按要求填写，少一大项扣7分，每一小项错一处扣2分；本班油气显示总层数、总厚度，错一处扣1分；漏填槽面显示情况扣1分	40	
3	填写钻井液性能	要按设计要求填写钻井液性能记录井深，按照规范填写井深及钻井液性能	未按要求填写，每少一大项扣3分，小项内容填错一处扣2分；各项单位填错一处扣1分	25	
4	钻具情况	要简明填写本班钻具使用情况及场地钻具变化情况，不得少写、填错	未填写钻具使用情况，每处扣2分，错一处扣1分；钻具数目不清扣5分；场地钻具变化情况记录不全，少一项扣1分	15	
5	工具情况	要填写本班使用工具情况及值班室工具变化情况，不得漏失	未写明本班工具使用情况扣10分，少一项扣2分	10	
备注	时间为20min。要求现场考试		合计	100	
			考评员签字： 年　月　日		

3. 工具、材料、设备（表1-6）

表1-6　填写交接班记录工具、材料、设备表

序号	名称	规格	单位	数量	备注
1	交接班记录		份	若干	
2	钻具变化记录		份	若干	
3	钻井液性能记录		张	若干	
4	工具使用记录		份	若干	
5	钢笔		支	1	
6	场地		个	1	要求填写1个交接班记录

（四）填写钻具记录

1. 考核要求

① 如违章操作，将停止考核。
② 考核方式：本项目为实际操作任务，考核过程按评分标准及操作过程进行。

2. 配分、评分标准（表1-7）

表1-7　填写钻具记录评分标准

序号	考核内容	考核要求	考核标准	配分	得分
1	填单根编号、长度	要按钻杆入井的顺序进行编号。要求填写丈量后的钻杆单根长度，并按规范保留小数位数	未按入井顺序，填错一处扣2分；长度数据填错一处扣2分；保留小数不正确扣2分	10	
2	填写立柱编号、立柱长度及累计长度	要会计算并填写立柱长度及立柱的顺序号。会计算累计入井钻杆长度。不得将坏钻杆长度计入井深	钻杆立柱计算每错一处扣2分；少写立柱长度或立柱序号，每处扣2分；钻杆累计长度算错10分；坏钻杆误杆累计长度算错扣10分；坏钻杆误入井深扣5分	35	

续表

序号	考核内容	考核要求	考核标准	配分	得分
3	计算单根打完井深	要求会根据入井钻具情况计算井深,会计算单根打完井深	不会根据钻具情况计算井深,扣10分,每算错一处扣2分;计算井深时漏算入井钻具,每处扣4分	20	
4	填写备注栏	要求正确识别钻铤、钻杆的钢印号,并在备注栏内注明	钻铤、钻杆的钢印号填错,每处扣1分,未在备注栏注明扣2分	5	
5	记录倒换钻具	要求根据倒换钻具情况,记录替入、替出钻具的长度、钢印号、倒换位置,并做好相应记录	倒换钻具记录,每错一处扣3分,每少一项内容扣2分;钻具混乱扣10分,计算数据错一处扣2分	20	
6	记录钻具结构情况	要求记录发生工程事故时井下钻具组合情况。钻具不得前后颠倒,错乱不清	未记录钻具组合情况扣10分;钻具组合不清,前后错乱,一处扣2分	10	
			合计	100	
备注	时间为20min。要求填写1个班的钻具记录		考评员签字: 年 月 日		

3. 工具、材料、设备(表1-8)

表1-8 填写钻具记录工具、材料、设备表

序号	名称	规格	单位	数量	备注
1	钻具记录		份	若干	
2	铅笔		支	1	
3	计算器		个	1	
4	钢笔		支	1	
5	场地		个	1	要求提供1个班的钻具变化记录

五、相关知识

1. 钻压
钻压是指钻进时施加于钻头上的力,单位为kN。

2. 泵压
泵压一般指的是泵排出口处的液体压力,通常以 P 表示,单位为MPa。

3. 排量
排量指单位时间内,泵通过排出管所输送的液体量。排量通常以体积单位表示,又称为体积流量 Q,常用单位为L/min或 m^3/min。

4. 转盘转数
转盘转数是指单位时间内转盘旋转的圈数,常用单位r/min。

任务二　填写地质日志

一、学习目标
能够收集各项资料，准确填写地质原始综合记录及地质日志。

二、任务实施

1. 填写地质原始综合记录

（1）填写封面

① 填写本井所处的三级构造、圈闭、潜山或地区名称。
② 按地质设计填写本井井号。
③ 标注该地质原始记录总册数和分册数。如 4-2 册表示总共 4 册，本册为第 2 册。
④ 填写单位。如××石油勘探局地质录井公司××录井队××录井小队。
⑤ 填写装订日期。

（2）填写内容

① 日期。在日期栏内填写当班的日期，样式为日/月。
② 井深。按录井间距填写，单位为 m，保留整数。
③ 钻时。检查纯钻进时间无误后，抄写在钻时记录栏内，单位为 min/m。
④ 气测。按录井间距填写全烃、轻烃、重烃的百分含量，保留两位小数。
⑤ 迟到时间。填写实际使用的迟到时间，注明计算或实测，单位为 min，保留整数。
⑥ 氯离子含量。按录井间距逐一填写，单位为 mg/L，保留整数。
⑦ 钻井液性能。按录井间距，填写密度、黏度（单位为 Pa·s，保留整数）、失水量（单位为 mL，保留整数）。
⑧ 荧光记录。按岩屑录井间距，填写荧光湿照颜色和系列对比级别，无荧光时填"无"。

2. 填写地质日志

（1）填写封面

① 填写本井所处的三级构造、圈闭、潜山或地区名称。
② 按地质设计填写本井井号。
③ 标注该日志总册数和分册数。如 5-2 册表示总共 5 册，本册为第 2 册。
④ 填写单位。如××地质录井公司××录井队××录井小队。
⑤ 填写装订日期。

（2）填写钻井施工简况

填写补心高、开钻时间、当日钻达井深、日进尺、钻达层位；起下钻的井深、钻头类型及新旧程度、测斜、测试、下套管、固井数据、完钻时间、钻井液性能变化及处理情况等。

（3）填写地质录井内容

① 填写钻时、岩屑、气测、荧光及氯离子滴定等录井井段、间距、数量（包数和点数）。
② 填写当日钻遇的地层层位、岩性、厚度、含有物、化石、接触关系。
③ 填写钻遇油、气、水层显示的井深、层位、层数、厚度、含油产状、荧光照射（干照、滴照、系列对比）和滴水试验结果、气测异常（全量及甲烷含量变化）、钻时变化、槽面显示情况，钻井液性能变化以及井喷、井涌、井漏、放空情况和对显示层的初步评价等

内容。

④ 填写对比电测起止时间、项目、井段、比例尺及对比井的井号、对比井段、对比结果等。

⑤ 填写钻井取心的层位、取心井段、筒次、进尺、岩心长度、收获率、平均收获率、累计含油气岩心长度、采样块数、分析项目等。

⑥ 填写测井起止时间、测井项目、井段、比例尺及现场确定的顶底界深度、下套管数据、井斜数据、钻井液性能及测井中出现的问题，以及向有关部门汇报请示的结果。

⑦ 填写井壁取心预计的颗数、实取颗数、收获率、符合率，并按层位分别统计岩性及各级别的含油气岩心颗数。

⑧ 填写中途或完井测试的时间、项目、测试仪器、测试井段、产液性质、产能、流压、静压、井温等参数及施工情况。

⑨ 填写固井质量测井时间、项目、比例尺、人工井底、水泥返高、固井质量评价结果等内容，并填写试压时间、加压情况、试压结果。

⑩ 填写影响地质资料录取和油气显示判断的工程施工情况，如泡油、填井等。

⑪ 填写实钻资料与设计不符的新情况，如钻遇新的断层、新的油气显示等。

⑫ 填写对施工提出的建议、采纳情况和实施效果等。

⑬ 填写 VSP 或地震测井情况，包括测井起止时间、测量井段、点距、炮数、施工结果等。

⑭ 填写向上级汇报、请示的时间、内容、汇报人、接收人、上级指示的时间、内容，传达人的单位、姓名及执行情况等。

(4) 其他事项必须逐日填写并签名

三、注意事项

① 数据要齐全、准确，字迹工整。
② 地质综合记录各栏的数字用阿拉伯数字填写，汉字用仿宋字填写。
③ 采用标准计量单位，小数点后应按规定保留位数。
④ 填写日志时，应进行综合性分析，不能照抄观察记录内容，对重要资料数据要分层段及时小结。

四、任务考核

(一) 填写地质原始综合记录

1. 考核要求

① 如违章操作，将停止考核。
② 考核方式：本项目为实际操作任务，考核过程按评分标准及操作过程进行。

2. 配分、评分标准（表 1-9）

表 1-9 填写地质原始综合记录评分标准

序号	考核内容	考核要求	考核标准	配分	得分
1	填写封面	要按封面的具体内容逐项填写。具体填写本井所处的三级构造名称、本井井号、总册数和分册数、填写单位及装订日期	未按要求填写，少一项扣 5 分；各项内容填错，一项扣 2 分	15	

续表

序号	考核内容	考核要求	考核标准	配分	得分
2	填写具体内容	要按照栏目要求填写日期、井深、钻时。日期要填写当班日期,井深要按录井间距填写,钻时要填写纯钻进时间	未按要求填写,少一项扣6分;各项内容填错,每项扣6分	20	
3		要按录井间距填写全烃、轻烃、重烃的百分含量(体积分数),无气测时不填	未按录井间距填写扣3分;数据填错,每项扣4分	15	
4		要根据计算或实测情况填写迟到时间	填写错误扣10分	10	
5		要按录井间距填写氯离子含量,如果在化验室做分析,要按分析结果填写	未按录井间距填写扣3分;数据填错每项扣4分	10	
6		要按录井间距填写钻井液性能,重点应填写密度、黏度、失水量	未按录井间距填写扣3分;数据填错,每项扣4分	10	
7		要按岩屑录井间距填写荧光湿照颜色和系列对比级别,无荧光时填"无"	未按录井间距填写扣3分;湿照颜色和系列对比级别填错,每项扣4分	20	
			合计	100	
备注	时间为30min。要求填写50m井段含油气显示层		考评员签字: 年 月 日		

3. 工具、材料、设备(表1-10)

表1-10　填写地质原始综合记录工具、材料、设备表

序号	名称	规格	单位	数量	备注
1	地质原始综合记录		张	若干	要求填写50m井段
2	地质观察记录		张	若干	
3	荧光记录		张	若干	

(二)填写地质日志

1. 考核要求

① 如违章操作,将停止考核。
② 考核方式:本项目为实际操作任务,考核过程按评分标准及操作过程进行。

2. 配分、评分标准(表1-11)

表1-11　填写地质日志

序号	考核内容	考核要求	评分标准	配分	得分
1	填写封面	要按照封面填写要求,填写本井构造位置及井号、总册数和分册数、编写单位及装订日期	未按要求填写,每项扣2分;具体内容填错一处扣1分	10	
2	填写施工工序	要按钻井施工阶段简明填写钻井施工工序,不得前后重复、繁杂,内容要全面	内容不简明扣2分,少一项内容扣1分	20	

续表

序号	考核内容	考核要求	评分标准	配分	得分
3	填写内容	要按所钻地层的顺序，分组段简述各地层的岩性特征、接触关系及储层的发育情况，以及横向对比变化情况；简明填写油气显示情况及综合判断和初步评价、对比电测结果、钻井取心井段及含油气性、完井电测及讨论结果、井壁取心的含油气情况。若有中途测试或完井测试时还应简明填写施工情况，简明填写固井试压情况	填写内容每缺少一项扣7分；地层叙述每缺少一项扣5分；储层情况未叙述扣10分，横向对比情况未叙述扣10分；区域探井未叙述生储盖组合情况扣10分，未对显示层情况进行综合判断和初步评价每层扣10分；未填写对比电测结果，确定钻井取心井段扣5分；内容填错一处扣2分	70	
			合计	100	
备注		时间为30min。要求填写1口井10天资料，或简述地质日志填写内容及要求	考评员签字： 年　月　日		

3. 工具、材料、设备（表1-12）

表1-12　填写地质日志工具、材料、设备

序号	名称	规格	单位	数量	备注
1	地质观察记录		份	若干	1口井资料
2	钢笔		支	1	
3	岩屑及岩心描述记录		份	若干	1口井资料
4	地质日志记录纸		张	若干	选具代表的10天的资料编写
5	资料整理室		间	1	可简述填写内容及要求

五、相关知识

1. 地质日志填写要求

① 依时间顺序，按钻井施工阶段，简述钻井施工情况和地质资料的录取情况。

② 按所钻地层顺序，分组段叙述各地层的岩性、厚度、含有物、化石、接触关系等特征。并叙述储层发育情况及横向对比情况。

③ 逐层详细叙述油、气、水显示情况，并按油层组进行综述。

④ 区域探井应叙述生储盖组合情况。

⑤ 详细记录与地质有关的各种施工作业情况。

⑥ 详细记录与该井有关指令、变动设计通知、问题请示回答结果、对比电测结果等。

2. 填写地质日志的重要性、记录原则及记录特点

(1) 填写地质日志的重要性

① 地质日志是分析掌握井下情况，指导下一步钻探必不可少的资料。

② 地质日志是完井总结的基础，是完井地质报告的母本，各项内容、资料数据必须准确无误。

③ 地质日志是现场负责人技术水平、业务能力、工作态度的综合反映。

(2) 地质日志记录原则

① 为减少地质日志的篇幅和记录工作量，凡能够用统计表表示清楚的资料数据，尽量采用表格形式。

② 地质日志的文字记录应简明扼要、表达准确、重点突出，并注重综合性分析认识。

(3) 地质文字记录要点

① 按钻井施工阶段，简述工程情况及地质资料的录取情况。如录井条件、录井质量、整改情况以及主要工序等与地质相关的大事和各种施工作业情况。

② 按所钻地层层序，分组段小结地层岩性、物性、电性、油气性关系。包括岩性和含油气性综述、分层厚度、结构、构造、化石及含有物、特殊岩性、缝洞特征、接触关系等。并叙述储集层发育情况及横向对比变化资料。

③ 充分利用区域内取得的地震构造资料及井下构造资料，阐述本井所处的构造位置。说明设计构造与其实钻构造资料间的差异与符合程度，论述构造与钻探前景的利弊因素。

④ 区域探井应具体划分其生储盖组合，描述其组合关系和组合特征。

⑤ 在全面描述油气显示特征的基础上，要分油气组进行油气层特征及质量综述分级，进行储量产能前景估算。

⑥ 详细记录与该井有关的生产指令、技术责任问题和请示汇报记录情况，以及其他认为应该记录的备忘事项。

任务三　填写钻井基本数据表

一、学习目标

能够熟练掌握钻井基本数据表的填写规范，并准确填写钻井基本数据表。

二、任务实施

(一) 填写完井基础数据表

1. 填写钻井基础数据表一（适用于直井）

(1) 井位（填入本井井号）

① 地理位置：将该井所处的省（自治区）、市（自治州）、乡、自然村或测量标志的方位、距离填全。

② 区域构造位置：填写该井所处盆地（坳陷）、一级构造和二级构造单元。

③ 局部构造位置：写明该井所处的三级、四级构造单元及部位。

④ 测线位置：按实际井位所在测线位置填写"地震×××测线，××桩号"。

(2) 钻探目的

按地质设计（包括补充设计）填写。

(3) 井别、设计井深

按地质设计（包括补充设计）填写；井队号，填写施工钻井队号。

(4) 坐标、海拔（地面、补心）

按井位公报填写（若无，按地质设计填写）。海拔，单位为 m，小数点后保留两位。

(5) 完钻井深

根据观察记录、地质日志资料，填写最终实际完钻井深，单位为 m，小数点后保留两位。

(6) 完井方法及井底层位

按本井实际完井方法填写，如裸眼、射孔、筛管完成法等；井底层位应填写实际完钻井底层位，填地层最小级。

(7) 完钻依据

根据观察记录、地质日志资料，按实际情况填写，如完成钻探任务、达到设计目的、事故完钻或其他原因提前完钻等。

(8) 开钻、完钻、完井日期

根据观察记录、地质日志资料，按"××××年××月××日"格式，用阿拉伯数字填写。

(9) 钻井液性能

① 井段：按开钻、各油层井段、目的层段及完钻情况等分段填写，单位为m，保留一位小数。

② 相对密度：填各段对应的范围值（最低～最高），保留两位小数。

③ 黏度：填写各段所使用的漏斗黏度范围值，单位为Pa·s，保留整数。

(10) 钻头程序

① 钻头尺寸：填写对应井段所使用的尺寸，单位为mm，保留整数。

② 类型：填写对应井段所使用的钻头类型，用汉字填写（也可用标准符号填写，如3B455mm，3A216mm）。

③ 井深：填写使用不同尺寸和类型钻头的井段，单位为m，保留两位小数。

2. 填写钻井基础数据表一（适用于定向井）

① 地理位置，区域构造位置，局部构造位置，测线位置，钻探目的，井别，海拔（地面、补心），完钻依据，开钻、完钻、完井日期，钻井液性能，钻头程序等的填写同直井基础数据表。

② 实测井口坐标。按实际数据填写。

③ 设计靶点坐标。按设计填写。

④ 实际靶点坐标。按钻井实际情况填写。

⑤ 实钻井底坐标。按钻井实际情况填写。

⑥ 设计井深。按地质设计填写，单位为m，保留整数。

⑦ 完钻垂深、完钻斜深。按实际结果填写，单位为m，保留两位小数。

⑧ 靶点位置。根据设计及实钻结果进行填写，并填写靶心距及质量评价意见。

(二) 填写地层分层及录井显示数据表（钻井基础数据表二）

1. 地层分层

① 地层分层以电测解释的分层为准，将界、系、统、组、段的名称写全。按比例在地层分层栏内，用直尺在每个底界深度下面画一横线，将分层数据填写在横线上。

② 底深、厚度栏应填写相应底深和厚度（第一层的厚度要减去补心高），井底未钻穿地层在底深栏填"▼"，厚度栏不填。

2. 录井显示统计

分别统计对应组或段各级别含油产状的厚度和层数，单位为米/层，保留一位小数。

① 钻井取心段显示。按1∶100岩心录井综合图读数。

② 岩屑显示。按 1∶500 综合录井图读数。

③ 总计栏。把各组段所有含油级别的显示层，分别累计相加，得出本井总的油气显示。用米/层表示，保留一位小数。

（三）填写综合解释统计、固井、井斜数据表（钻井基础数据表三）

（1）层位

用汉字填写组段。

（2）综合解释油气层统计栏

按综合解释的油气层分别填写厚度和层数，一般以电测解释成果表解释的厚度为准。

（3）缝洞情况统计

按不同时代地层填写不同级别的缝洞段长度。

（4）套管数据（表层、技术、油层）

套管外径（单位为 mm，保留一位小数）、壁厚、内径（单位为 mm，保留两位小数），以及套管总长、下入深度、套管头至补心距、联入、引鞋、不同壁厚下深（按套管记录中钢级、壁厚变化井段填写）、阻流环深、筛管井段和尾管下深（单位为 m，保留两位小数）。

（5）井斜情况

根据井斜数据，填写最大井斜深度（单位为 m，保留整数）、斜度（单位为度，保留一位小数）、方位（单位为度，取整数）、总水平位移，并计算填写油层顶底位移（单位为 m，取两位小数）和总方位（单位为度，取整数）。

（6）固井数据

① 填写水泥用量（单位为 t，取整数）、替钻井液量（单位为 m^3，保留一位小数）、水泥浆平均密度、替入钻井液相对密度（无量纲，保留两位小数）、碰压情况（单位为 MPa，取整数）。

② 填写水泥塞深：表层和技术套管不填，油层套管按固井质量检查图填写，单位为 m，保留一位小数。

③ 填写试压情况：加压，填写开始加压的压力；经时，填写加压后经历的时间；降压，填写经过一段时间后的压力与所加压力的差值。压力单位为 MPa，时间单位为 min，取整数。

④ 固井质量：填写目的层段固井质量（优质、合格、不合格）。

三、注意事项

① 所有表格各数据的填写均应符合统一数量标准要求，填写时先填井名。

② 各项数据均以原始记录为准，要求内容齐全、数据准确，有关数据对应关系必须统一对口。

③ 表内文字均采用仿宋字体，使用绘图墨水填写。

④ 钻井施工或录井过程中未进行的项目可不填写。

⑤ 对于进行特殊资料录取的生产井，应填写相应的完井表格，可参照探井完井报告附表要求填写。

四、任务考核

1. 考核要求

① 如违章操作，将停止考核。

② 考核方式：本项目为实际操作任务，考核过程按评分标准及操作过程进行。

2. 配分、评分标准（表 1-13）

表 1-13　填写钻井基本数据表评分标准

序号	考核内容	考核要求	评分标准	配分	得分
1	填写钻井基本数据表一	要熟悉表格，按照规范填写地理位置、构造位置、测线位置。地理位置要填至具体位置，区域构造位置要填写本井所处盆地及一级、二级构造单元名称	表格不熟悉扣1分；填错一处扣1分；少一处扣2分	8	
2		要按设计填写钻探目的、井别、设计井深及井位坐标。地质设计填写要包括补充设计；井位坐标、海拔要按井位公报填写，若无则按地质设计填写	填错一处扣1分；少填一处扣2分	6	
3		要按照实际情况填写完钻井深、完钻方法、完钻依据及井底层位。井底层位应填写地层最小级。完钻依据要按实际情况填写	填错一处扣1分；少填一处扣2分	6	
4		要按照实际钻探情况填写开钻、完钻、完井日期及钻井液性能。日期要按规定格式，用阿拉伯数字填写。钻井液性能要在有代表性的开钻、完钻、油层及目的层等井段内选择最高和最低密度、黏度值填写	填错一处扣1分；少填一处扣2分；日期未按格式填写扣0.5分；钻井液性能不具代表性扣2分	10	
5		要按照填写规范填写钻头程序、设计靶点坐标、实钻靶点坐标、实钻井底坐标、靶点位置情况等。井口坐标按实际数据填写，实际靶点坐标根据钻井实际情况填写，井底坐标也要根据实际情况填写。靶点位置要根据设计及实钻结果进行填写，要填写靶心距及质量评价意见	未按规范写扣2分；填写内容不全，少一项扣2分；填错一处扣1分；靶心距算错扣2分；质量评价扣3分	15	
6	填写钻井基本数据表二	要按规范填写地层分层及底深和厚度。要求地层名称写全，会正确计算地层厚度并正确标出。对于未钻穿地层会用规定符号标注	地层不全扣3分；地层厚度算错一处扣2分；标注错一处扣1分	10	
7		要求正确填写显示层的层数、厚度及累计层数和厚度。能够从岩屑、岩心录井综合图上正确读出录井显示数据。会根据显示级别分别累计相加，并填写在总计栏	数据读错一处扣2分；数据计算错一处扣1分	15	
8		要熟悉表格内容，正确填写层位、油气层统计情况。会根据电测解释及综合解释情况，正确统计并填写油气层厚度和层数。缝洞统计要按不同时代地层，填写不同级别的缝洞段长度	填错一处扣1分；显示数据统计错一处扣2分；缝洞数据错一处扣1分	14	
9	填写钻井基本数据表三	要按规范填写套管数据、固井数据情况及试压情况。要求会根据固井质量检查图填写油层套管水泥返深。能够根据试压情况计算、判断试压是否合格。会正确判断、评价固井质量，并填写目的层段固井质量	内容不全扣2分；填写错一处扣1分；水泥塞深读错一处扣1分；试压判断错一处扣1分；固井质量评价错1分	8	
10		会根据井斜数据计算、填写最大井斜深度、斜度、方位、总水平位移，能够正确计算、填写油层顶底位移和总方位	数据算错一处扣1分；填写错一处扣1分	8	
			合计	100	
备注	时间为30min。提供3种表格，并分别填写		考评员签字： 年　月　日		

3. 工具、材料、设备（表 1-14）

表 1-14　填写钻井基本数据表工具、材料、设备表

序号	名称	规格	单位	数量	备注
1	地质观察记录		份	若干	1口井资料
2	钢笔		支	1	
3	岩屑及岩心描述记录		份	若干	1口井资料
4	地质日志记录纸		张	若干	选具代表性的10天的资料编写
5	资料整理室		间	1	可简述填写内容及要求

五、相关知识

1. 钻井取心统计表

① 层位。填组段，用汉字表示。

② 次数。即筒次，试取心和正式取心要分开依次用阿拉伯数字填写。

③ 井数、进尺、心长。为对应筒次的实际数据，单位为 m，保留两位小数。

④ 收获率。用百分数表示，保留一位小数。

⑤ 不含油岩心长度。分别填写对应筒次储集层和非储集层不含油岩心长度。

⑥ 含油岩心长度。填写本筒不同含油气产状和各自累计长度及总长度，单位为 m，保留两位小数。

2. 井壁取心记录表

① 编号。用阿拉伯数字，按由深至浅的井深顺序依次编号。

② 井深、岩性定名、岩性及含油性描述、荧光检查、系列对比。均按井壁取心描述记录实际情况填写。

3. 碎屑岩油气显示综合表

① 序号。按综合录井图录井显示（包括测井显示）顺序，用阿拉伯数字填写。

② 层位。填写地层组段。

③ 井段。按测井曲线归位后的显示井段填写，单位为 m，保留一位小数。

④ 厚度。填写归位后的显示层厚度，单位为 m，保留一位小数。

⑤ 岩性。按归位后的综合录井图填写。

⑥ 含油岩屑占定名岩屑含量。按岩屑录井实际情况填写百分含量，取整数。

⑦ 钻时。填显示段钻时的范围值。单位为 min/m，取整数。

⑧ 气测。有气测时填显示段气测最大全烃值和甲烷值，用百分数表示，保留三位小数。

⑨ 地化参数。填显示段地化分析 S_0、S_1、S_2。TPI 的次高值，保留三位小数。

⑩ 钻井液显示。填写相对密度（保留两位小数）、黏度（单位为 Pa·s，取整数）的变化情况；油花、气泡，分别填写油花、气泡占槽面的百分比（取整数）；槽面上涨高度，填最大值，单位为 cm，取整数。

⑪ 荧光显示。填写该层荧光检查颜色和最高系列对比级别。

⑫ 井壁取心。分别填写本显示层含油、荧光及不含油的取心颗数。

⑬ 含油气岩心长度。填写岩心归位后对应显示层的各含油、含气产状的长度，单位为 m，保留两位小数，其中含油含气用"◇"表示，含油含水用"（ ）"表示。

⑭ 浸泡时间。填写钻开该显示层的时间与固井替井液结束时间的差值，单位为 d，取整

数，裸眼井不填。

⑮ 测井参数及解释。按测井解释成果表填写。

⑯ 综合解释。填写综合解释结果。

4. 非碎屑岩油气显示综合表

(1) 填写规范

序号、层位、井段、厚度、岩性、含油岩屑占定名岩屑含量、钻时、气测、地化参数、荧光显示、井壁取心、含油气岩心长度、浸泡时间、综合解释均同"碎屑岩油气显示综合表"填写规范。

(2) 钻井显示情况

① 井深：填写钻井有显示时的井深，单位为 m，保留两位小数。

② 放空：根据原始资料记录，填写放空长度（井段），单位为 m，保留两位小数。

③ 漏失量：填写井漏过程中钻井液的漏失量，单位为 m^3，保留一位小数。

④ 喷出物及喷势：填写发生井喷时喷出物的性质、喷出形式和喷出高度。

(3) 次生矿物

根据岩屑描述情况，填写次生矿物占岩屑的百分含量，用百分数表示，保留一位小数。

(4) 钻井液显示

① 密度、黏度、油花、气泡：同"碎屑岩油气显示综合表"填写规范。

② 氯离子：根据氯离子记录填写实际数据（范围值），单位为 mg/L，取整数。

③ 池面上涨：填写显示段池面钻井液增加量，单位为 m^3，保留一位小数。

(5) 测井参数及解释

① 井段：与综合解释相对应的测井解释井段，单位为 m，保留一位小数。

② 测井参数：选择相关的参数填写。

③ 解释结果：依测井解释成果表填写。

学习情境二
样品资料的收集

任务一　计算实测岩屑迟到时间

一、学习目标
掌握岩屑迟到时间的确定方法。
① 能测定、计算岩屑迟到时间。
② 能确定捞砂时间。

二、任务实施
① 接单根时把指示物投入钻杆内。选用与岩屑大小、密度相近的物体作指示物（如红砖块、瓷块等）。投指示物时，如果钻杆内钻井液很满，应将水眼中的钻井液掏空再投入指示物；若钻杆中钻井液一直往外喷，应将指示物用软泥包好成团，再投入钻杆水眼中，避免指示物返出钻杆。
② 接好方钻杆后记录开泵时间。
③ 在振动筛前观察、记录指示物返出时间。
④ 计算钻井液循环周时间 $T_{循环}$。指示物返出时间与开泵时间之差即为循环周时间 $T_{循环}$。
⑤ 计算下行时间 T_0。指示物从井口随钻井液到达井底的时间称为下行时间。

$$T_0 = \frac{V_1 + V_2}{Q} \tag{2-1}$$

式中　T_0——岩屑下行时间，min；
　　　V_1——钻杆内容积，L；
　　　V_2——钻铤内容积，L；
　　　Q——泵排量，L/s。

⑥ 计算迟到时间 T

$$T = T_{循环} - T_0 \tag{2-2}$$

三、注意事项
① 指示物的选择一定要恰当，颜色要均一、醒目，大小、密度要与岩屑基本相同，不能大于钻头水眼直径。

② 时间精确到秒（s），容积精确至升（L），排量精确至升每秒（L/s）。
③ 测量间距应按要求进行。
④ 实测钻井液返出时间有困难时，可采用理论计算法，但要利用钻时和特殊岩屑进行校正。

四、任务考核

1. 考核要求

① 如违章操作，将停止考核。
② 考核方式：本项目为实际操作任务，考核过程按评分标准及操作过程进行。

2. 评分标准（表2-1）

表2-1 计算实测岩屑迟到时间评分标准

序号	考核内容	考核要求	评分标准	配分	得分
1	投轻、重指示物	要求在接单根时投入轻、重指示物。选用指示物时要与岩屑的大小、密度相近。要会根据具体情况，合理选择投放方式，防止指示物返出钻杆。接好方钻杆后，记录开泵时间	轻、重指示物选择不当各扣5分；未按要求将轻、重指示物投入钻杆水眼扣10分；开泵时间记录有误扣10分	25	
2	记录指示物返出时间、钻井液循环周期和滞后时间	要正确选择观察记录点，能够识别轻、重指示物大量返出的时间，并正确计算钻井液循环周期和滞后时间。能够正确计算循环周时间	轻、重指示物大量返出的时间记录不准确各扣5分；钻井液循环周期计算有误扣10分；滞后时间计算有误扣10分	25	
3	计算相关参数	要会测量、收集、记录钻井液泵排量，正确计算钻具内容积，区分钻铤内容积与钻杆内容积	钻井液泵排量测量有误扣10分，钻具内容积计算有误扣10分	15	
4	计算下行时间和迟到时间	会根据相关参数，正确计算钻井液下行时间和迟到时间	钻井液下行时间计算有误扣10分；迟到时间计算有误扣10分	25	
5	安全生产	按规定穿戴劳保用品	未按规定穿戴劳保用品扣10分	10	
		合计		100	

3. 工具、材料、设备（表2-2）

表2-2 计算实测岩屑迟到时间工具、材料、设备

序号	名称	单位	数量	备注
1	轻、重指示物	块	若干	
2	秒表、钟表	个	各1	
3	记录笔	支	1	
4	计算器	个	1	
5	记录纸	份	若干	提供相关的钻井参数
6	钻具记录	份	若干	

五、相关知识

1. 确定迟到时间

岩屑返出时间（岩屑迟到时间）是指岩屑从井底随钻井液上返到地面所需的时间，单位

是 min。岩屑迟到时间的精度是 0.5min。返出时间不准，即使井深准确，捞取的岩屑也失去了代表性和真实性。所以返出时间准确也是岩屑录井工作的关键。常用的返出时间测定方法有：理论计算法、实测法和特殊岩性法。

(1) 理论计算法

计算公式

$$T = \frac{V}{Q} = \frac{\pi(D^2 - d^2)}{4Q} \times H \tag{2-3}$$

式中 T——岩屑迟到时间，min；
Q——泥浆泵排量，L/s；
D——井眼直径，m；
d——钻杆外径，m；
H——井深，m；
V——井筒环形容积，m^3。

例：某井用 3A215mm 钻头钻至井深 1700m，所用钻杆外径均为 127mm，已知钻井液排量为 40L/s，若钻铤和其他配合接头的长度忽略不计，则井深 1700m 的理论迟到时间为多少 min？

解：
$$T = \frac{V}{Q} = \frac{\pi(D^2 - d^2)H}{4Q}$$
$$= \frac{3.14 \times (0.215^2 - 0.127^2) \times 1700}{4 \times 40 \times \frac{60}{1000}} = 16.73685 \approx 17(\text{min})$$

答：井深 1700m 的理论迟到时间为 17min。

这种计算方法是把井眼当成一个以钻头为直径的圆筒，而实际井径一般都大于钻头直径（只有易缩径井段井径略小于钻头直径），而且极不规则，加之计算时未考虑岩屑在钻井液上返过程中的下沉，所以，理论计算的迟到时间均小于实测迟到时间。因此，在实际工作中，用理论法计算的迟到时间一般只用于 1000m 以内的浅井。深井阶段只用于辅助实测迟到时间，若实测值小于理论值，必须重测。

(2) 实测法

实测法是现场常用的方法，也是较为准确的方法。具体操作方法在本项目的第三部分已介绍过。其中，V_1、V_2 可根据相应尺寸和长度在《钻井手册》中查到，泵排量可通过查"梯形水门钻井液液面高度与排量关系表"的方法得出（在循环槽内安置梯形水门）。

在现场录井工作中，为保证岩屑录井质量，规定每钻进一定录井井段，必须成功实测一次返出时间，以提高岩屑录取的准确性。

例：某井钻铤外径为 178mm，长 90m，内容积为 $0.04m^3/min$，钻杆长 3000m，外径为 127mm，内容积为 $0.0093m^3/m$，钻井液排量为 $1.80m^3/min$，钻井液循环一周的时间为 65min，迟到时间为多少 min？

解：
$$T_0 = \frac{V_1 + V_2}{Q} = \frac{0.0093 \times 3000 + 0.04 \times 90}{1.80} = 17.5(\text{min})$$
$$T_{迟} = T_{循环} - T_0 = 65 - 17.5 = 47.5(\text{min}) \approx 48(\text{min})$$

答：迟到时间约为 48min。

(3) 特殊岩性法

实际工作中还可利用特殊岩性来校正岩屑迟到时间。在大段泥岩中的砂岩、灰岩、白云岩夹层，因特殊岩性的特征明显，钻时差别大，可用来校正返出时间。先将钻时忽然变快或变慢的时间记下，加上相应的返出时间，提前到振动筛前观察，待特殊岩性出现时记录时间，两者的差值即为该井深的真实返出时间。用这个时间校正正在使用的返出时间，可保证取准岩屑资料。

利用特殊岩性测定迟到时间的计算公式为

迟到时间＝取样见到特殊岩性岩屑的时间－钻达特殊岩性的时间－中途停泵时间

(2-4)

例：某井地质预告显示，井深1000～1100m井段的岩性是以砂泥岩为主，但在1060m附近有一致密灰岩夹层。实际钻进时，以1050m所测迟到时间12min作为1050～1100m井段的岩屑迟到时间；1063～1064m的钻时突然增高，判断1063～1064m钻遇灰岩夹层，钻至1064m的时间是11∶00，钻至井深1065m的时间是11∶03，捞取砂样时在1065m岩样中才第一次见到灰岩岩屑（取样间距为1包/米）。因此在钻井参数和钻井液排量相同的条件下，1065～1100m的岩屑迟到时间应采用15min更为准确。

2. 确定捞砂时间

① 在未停泵、未变泵的情况下，按式(2-5)确定捞砂时间。

$$T_2 = T_3 + T_1 \tag{2-5}$$

式中　T_2——捞岩屑时间，时∶分；

　　　T_3——钻达时间，时∶分；

　　　T_1——岩屑迟到时间，min。

② 在变泵时间早于钻达时间的情况下，确定捞砂时间

$$T_2 = T_3 + T_1 \times \frac{Q_1}{Q_2} \tag{2-6}$$

式中　Q_1——变泵前的钻井液排量，m³/min；

　　　Q_2——变泵后的钻井液排量，m³/min。

③ 变泵时间晚于钻达时间而又早于捞岩屑时间的情况下，按式(2-7)确定。

$$T_2 = T_4 + (T_5 - T_4)\frac{Q_1}{Q_2} \tag{2-7}$$

式中　T_4——变泵时间，时∶分；

　　　T_5——变泵前捞岩屑的时间，时∶分。

④ 如遇连续变泵，仍按式(2-2)确定捞岩屑时间。

任务二　采集岩屑

一、学习目标

① 能捞取、清洗、晾晒、收装岩屑。

② 能挑选岩屑样品。

③ 掌握岩屑录井要求。

④ 了解岩屑录井作用。
⑤ 掌握真假岩屑的特征。

二、任务实施

(一) 捞取、清洗、晾晒、收装岩屑

1. 捞取岩屑

为保证取样质量，可按设计要求的取样井深，提前 50m 试取。

(1) 确定捞砂时间

捞砂时间等于钻达时间加上岩屑迟到时间。

(2) 确定捞砂位置

捞砂位置应在架空槽挡板前或振动筛下的固定位置。砂样盆放在振动筛前合适位置，确保岩屑连续、适量地落入盆内。每到取样时取走一个取样盆后，立即将另一个捞样盆放在振动筛前，以保持岩屑的连续性。如果钻时较慢，取样间隔时间较长，中途应检查岩屑盆是否在振动筛前，避免因岩屑盆被钻井液冲走而漏取岩屑。若岩石疏松，岩屑呈粉末状，振动筛前没有岩屑可捞取，可按岩屑返出时间用铁铲在架空槽上取样。（在槽中放一挡板，挡板不能过高，只要能挡住岩屑即可，每捞取一次后都应把上包的余砂清除干净。）

(3) 取样

按岩屑返出时间取砂样。取样时间未到，但盆已满时，不能直接去掉上部的岩屑，应垂直切去盆内岩屑的 1/2，并将剩下的 1/2 搅匀、摊平，继续接样。若盆内岩屑再次装满，仍按此方法处理，以保证岩屑捞取的连续性。岩屑捞取的数量按现行规定，一般无挑样项目时，每包不少于 500g；有挑样项目时，每包不少于 1000g。为了保证岩屑纯净，每捞一包岩屑后，应将振动筛和砂样盆处理干净，不要让旧岩屑残留在上面。

起钻前应循环钻井液，待最后一包岩屑捞出后方可起钻。起钻井深若不是整米数，井深尾数大于 0.2m 时，应捞取岩屑并注明井深，待再次下钻与钻完整米时取岩屑合并成一包。

2. 清洗岩屑

取样后就地用清水缓缓冲洗，取样盆盛满水后，应稍静置一会儿，缓缓将水倒掉，以免将悬浮的砂粒和密度较轻的岩屑（如炭质页岩、油页岩等）冲掉。清洗岩屑直至露出岩石本色为止，但黏土岩中的软泥岩和极易泡散的砂岩例外。

3. 晾晒岩屑

将清洗好的岩屑按井深顺序逐包倒在砂样台上摊开晒干，包与包之间至少要有空当隔开，避免混合。在晾晒时不要过度翻搅（特别是泥岩），以免使岩屑的颜色模糊。在晾晒油砂时应防止暴晒而引起油砂失真，把水分晒干即可。冬季或雨季无法晒岩屑，应用蒸汽烘箱烘干。用烤箱烘干时，温度应控制在 80℃以下。

4. 收装岩屑

(1) 前期处理

去掉假岩屑及水泥碎块等。

(2) 装袋、装盒

将晾干的岩屑随同标签装入袋内，标签应填有井号、井深、编号等内容，正面朝外放入袋侧。凡有挑样项目的井将所取岩屑分装两袋，一袋供挑样用，一袋用作描述及保存。然后将装好的岩屑按顺序自左至右，从上到下依次放入专用的岩屑盒内。挑样用的岩屑与保存用的岩屑分开装箱。

(3) 岩屑盒喷字

岩屑装箱后，面对岩屑盒的一侧，放上字膜用漆喷上井号、盒号、井段、包数。

（二）岩屑挑样

① 先把挑样用的岩屑过筛，除去掉块，倒在簸箕里，簸箕微斜。

② 与描述时分层定名的岩样对比，用镊子在簸箕里挑样。

③ 将挑好的样品和填写好的标签（填写井号、岩样深度、岩性、挑样日期、挑样人等），按顺序装入挑样盒或小塑料袋内。

④ 填写送样清单，包括：井号、编号、井深、岩性、分析项目、送样日期、要求提交鉴定成果时间、送样人等。

三、注意事项

（一）捞取、清洗、晾晒、收装岩屑

① 准确计算井深、钻时、岩屑返出时间、取样时间，井深精确至厘米（cm），时间精确至秒（s）。

② 中途发生停泵、变泵时，要校正岩屑捞取时间。

③ 及时去掉泥饼及假岩屑，仔细观察盆面是否有油气显示及沥青块，并做好记录。

④ 洗好的岩屑按井深顺序摊在砂样台上分开晾晒，并标注取样深度。

⑤ 岩屑装袋时，连同底部的细小砂粒一起装入袋内。

（二）岩屑挑样

① 在供挑样的那一袋岩屑中挑样，用作保存的另一袋岩屑不能用来挑样。

② 按照分析项目对样品的要求，做到岩样纯净、量足。若是薄层挑不足时，挑净为止。

③ 标签、送样清单必须填写准确。

四、任务考核

（一）捞取、清洗、晾晒、收装岩屑

1. 考核要求

① 如违章操作，将停止考核。

② 考核方式：本项目为实际操作任务，考核过程按评分标准及操作过程进行。

2. 评分标准（表2-3）

表2-3 采集岩屑评分标准

序号	考核内容	考核要求	评分标准	配分	得分
1	捞取岩屑	要会确定捞砂时间，选择正确捞砂位置。挡板放置要合适，确保岩屑连续、适量地落入盆内。要能够根据特殊情况选择捞岩屑的正确方法	捞砂时间计算错误扣4分；挡板位置放置不当扣4分；对于疏松砂岩层未捞取岩屑扣4分	15	
2		要按岩屑捞取时间正确在挡板上取岩样，要求岩屑数量不少于500g。若岩屑较多时，会用十字切法进行取样。要掌握捞取起钻前最后一包岩屑的方法取完岩屑后，要求把挡板上的岩屑清理干净	未按捞取时间捞取岩屑扣10分；捞取岩屑数量不足扣5分；不会用十字切法取样扣5分；起钻时，井深末尾数大于0.2m而未捞取岩屑扣5分；未清理余屑扣5分	10	

续表

序号	考核内容	考核要求	评分标准	配分	得分
3	清洗岩屑	要用清水缓缓冲洗,并加以搅动,直至岩屑露出本色为止,同时观察有无油气显示 清洗软泥岩时要多冲洗少搅动 清洗疏松砂岩时要少冲多淋 禁止用污水清洗岩屑	清洗方法不当使真岩屑流失扣10分;未观察油气显示扣5分;清洗软泥岩方法不当扣5分;清洗疏松砂岩方法不当扣5分	10	
4	晾晒岩屑	要将洗好的岩屑按正确的顺序依次倒在砂样台上,并放上井深标签	晾晒岩屑顺序搞乱扣5分;未放井深标签扣5分	15	
5		岩屑晾晒时不要经常翻搅,把水分晒干即可 烘烤湿岩屑时,要控制在合适的温度 对油砂不要暴晒或烘烤	因翻搅岩屑造成颜色模糊扣5分;因暴晒或烘烤造成油砂失真扣5分	10	
6	收装岩屑	要去掉假岩屑及水泥碎块等。要将晾干的岩屑随同标签正确装入砂样袋内,并注意标签内容的正确性等	为去掉假岩屑扣5分;未装标签或标签内容填写有误扣5分	10	
7		将装好袋的岩屑按井深顺序正确排列在岩屑盒内,并在岩屑盒侧面喷上井号、盒号、井段、包数	装盒顺序有误扣5分;岩屑盒未喷字扣5分	10	
8		填写入库清单并及时把岩屑放入岩心库保存	未写入库清单或未及时入库扣5分	10	
9	安全生产	按规定穿戴劳保用品	未按规定穿戴劳保用品扣10分	10	
			合计	100	
备注	时间为30min		考评员签字: 年 月 日		

3. 工具、材料、设备（表2-4）

表2-4 采集岩屑工具、材料、设备表

序号	名称	单位	数量	备注
1	标签	份	若干	
2	沙样袋	个	若干	
3	沙样盒	个	若干	
4	油漆	桶	若干	
5	排笔	支	若干	
6	捞砂盆	个	若干	
7	洗砂水		适量	清水
8	荧光灯	台	1	
9	放大镜	个	1	
10	镊子	把	1	
11	挑样盒	个	1	
12	筛子	个	1	
13	小塑料袋	个	若干	

续表

序号	名称	单位	数量	备注
14	送样清单	张	若干	
15	标签	份	若干	
16	岩屑描述记录	份	若干	100m 以上井段

（二）识别真假岩屑

1. 考核要求

① 如违章操作，将停止考核。

② 考核方式：本项目为实际操作任务，考核过程按评分标准及操作过程进行。

2. 评分标准（表2-5）

表2-5 识别真假岩屑评分标准

序号	考核内容	考核要求	评分标准	配分	得分
1	识别真假岩屑	要会根据真假岩屑的特征，正确区分真假岩屑。要求掌握真岩屑及假岩屑的基本特征，会根据色调、个体大小、颗粒形状等特征进行识别	观察时，岩屑未大段摊开扣5分；不会识别真岩屑扣20分；识别有误，每层扣5分	30	
2	挑选岩屑样品	要求把挑样用的岩屑过筛，除去掉块，倒在簸箕里，簸箕微斜。对照本层岩屑的岩屑描述，用镊子在簸箕里挑样	未按操作要求，每层扣2分；不过筛每层扣2分；挑样岩性与岩屑描述不符每层扣5分	45	
3		要将挑好的样品和填好的标签，按顺序装入挑样盒或小塑料袋内。标签内容要正确	送样标签内容填写有误，每层扣2分；样品装袋不符合要求，每袋扣2分	10	
4		要认真填写送样清单，内容项目要齐全	未填送样清单扣5分；送样清单内容填写有误，每项扣1分	5	
5	安全生产	按规定穿戴劳保用品	未按规定穿戴劳保用品扣10分	10	
			合计	100	
备注	时间为30min		考评员签字： 　　年　月　日		

3. 工具、材料、设备（表2-6）

表2-6 识别真假岩屑工具、材料、设备表

序号	名称	单位	数量	备注
1	筛子	个	1	
2	小塑料袋	个	若干	
3	送样清单	张	若干	
4	标签	份	若干	
5	岩屑描述记录	份	若干	100m 以上井段
6	洗沙水		适量	清水
7	荧光灯	台	1	
8	放大镜	个	1	
9	镊子	把	1	
10	挑样盒	个	1	

五、相关知识

(一) 岩屑录井要求、作用和质量以及影响因素

1. 岩屑录井要求

① 按照地质设计书要求，一般情况下，岩屑录井间距同钻时录井应保持一致，特殊情况下需改变时，经请示汇报，批准后执行。无挑样项目时，每个间距捞1包，有挑样项目时，每个间距捞2包，每包岩屑质量不少于500g。

② 捞砂应在架空槽挡板前或振动筛下的固定位置采用垂直捞法捞取岩屑，捞完一包后应立即清除剩余岩屑。

③ 正常情况下，起钻前须循环钻井液一周；因工程原因不能循环时，未捞取的岩屑应在下次下钻到底后循环钻井液时补捞。

④ 岩屑捞取后应立即用清水洗干净，要求能见到岩石本色，除去杂物和掉块，查找含油岩屑和其他矿物岩屑。

⑤ 岩屑应立即放在砂样台上晾晒，放置整齐，间距适当，严禁岩屑互相混杂，要标识岩屑深度（要求每5包放置一个井深标签）。

⑥ 岩屑干燥后应及时装袋，并在袋内正面放入填写好的标签。

⑦ 要及时测算、校正岩屑迟到时间，准时取样。努力使岩屑所代表的岩性同钻时反映的岩性相吻合。一般情况下，1000～2500m井段每100～150m实测一次迟到时间；2500～3500m井段每50～100m实测一次迟到时间；3500m以上的超深井段每25～50m实测一次迟到时间。

⑧ 因井漏未捞岩屑时，待处理井漏恢复正常后钻井液返出时，按原迟到时间捞取岩屑，这种岩屑因代表性差，应加以备注说明。

2. 岩屑录井的作用

① 通过岩屑的观察研究，及时确定井下正钻层位及其岩性。掌握钻头所在地层，修正地质预告，加强故障提示，确保安全钻进。

② 了解井下油气水情况，及时发现和保护油气层，卡准取心层位。

③ 了解储集层物性和层位，为勘探开发油气层提供依据。

④ 了解生储盖组合关系，确定分层厚度界线、油气水层位置及其显示程度。

3. 岩屑录井质量

(1) 岩屑取样要求

一般探井每次取干后样品不得少于500g，区域探井应取双样，重点探井目的层应取双样，其中500g用于现场描述及挑样使用，另500g用于保存。

(2) 岩屑的岩性与测井解释的深度误差要求

① 目的层小于2个录井间距。

② 非目的层小于3个录井间距。

③ 综合解释厚度大于5m的储集层和分层界面为剖面符合率计算层数。

④ 岩屑剖面符合率，按式(2-8)计算。

$$Ae = -\frac{X}{T} \times 100\% \tag{2-8}$$

式中 Ae——岩屑剖面符合率；

X——录井图符合综合解释剖面的层数；

T——综合解释剖面的总层数。

4. 岩屑录井的影响因素

影响岩屑录井的主要因素是井深。当井深准确时，岩屑返出时间又是主要因素。影响岩屑代表性的因素众多，归结起来，主要有以下六方面。

① 钻头类型和岩石性质的影响。刮刀钻头钻屑呈片状和块状，牙轮钻头钻屑较细呈粒状，PDC钻头钻屑呈粉末状；砂岩、泥岩、页岩的钻屑形态差异很大。片状岩屑面积大，浮力也大，上返速度也快；粒状、块状岩屑与钻井液接触面积小，上返速度较慢，返出时间就会发生变化。一般情况下，成岩性好的泥质岩多呈扁平碎片状，页岩呈薄片状，而极疏松砂岩的岩屑呈散砂状。

② 钻井液性能的影响。钻井液性能不适应地层，会造成井壁坍塌，岩屑混杂，使岩屑代表性变差。

③ 钻井参数和井眼的影响。钻井参数主要指排量的变化。排量频繁变化直接影响返出时间，造成岩屑代表性不强，甚至失真。井眼不规则也影响钻井液的上返速度，在大井眼处上返慢，携带岩屑能力差，造成岩屑混杂；在小井眼处，有时钻井液流速快，上返也快。所以井眼不规则，造成岩屑上返时快时慢，直接影响返出时间的准确性，使岩屑代表性变差。

④ 下钻或划眼的影响。上部地层的岩屑与新岩屑混杂返出，易造成岩屑失真。

⑤ 对岩屑录井影响最大的是迟到时间的准确性。在井深和钻时准确无误的情况下，当岩屑和钻时的符合程度低时，应及时校正迟到时间，以提高岩屑录井的准确性。

⑥ 井深的影响。一般情况下，井深越深，迟到时间越长，造成岩屑混杂的机会就越多。

（二）识别真假岩屑

1. 真岩屑

真岩屑即具有井深意义的岩屑，地质上称为砂样。通常是指钻头刚刚从某一深度的岩层破碎下来的岩屑，也叫新岩屑。一般地讲，真岩屑具有下列特点。

① 色调比较新鲜。

② 个体较小，均匀一致。

③ 碎块棱角较分明。

④ 如果钻井液携带岩屑的性能特别好，迟到时间又短，岩屑能及时上返到地面的情况下，较大块的、带棱角的、色调新鲜的岩屑也是真岩屑。

⑤ 高钻时致密坚硬的岩类，其岩屑往往较小，棱角特别分明，多呈细小的碎片或碎块状。

⑥ 成岩性好的泥质岩多呈扁平碎片状，页岩呈薄片状。疏松砂岩及成岩性差的泥质岩屑棱角不分明，多呈豆粒状。具造浆性的泥质岩多呈泥团状。

2. 假岩屑

假岩屑指真岩屑上返过程中混进去的掉块及不能按迟到时间及时返到地面而滞后的岩屑，也叫老岩屑。假岩屑一般有下列特点。

① 色调不新鲜，比较而言，显得模糊陈旧，表现出在井内停滞时间过长的特征。

② 碎块过大或过小，混杂不均匀，毫无钻头切削特征。

③ 棱角不分明，有的呈浑圆状。

④ 形成时间不长的掉块，往往棱角明显，块体较大。

⑤ 岩性并非松软但破碎较细，毫无棱角，呈小米粒状岩屑，是在井内经过长时间上下往复冲刷研磨成的老岩屑。

任务三　岩心出筒、清洗、丈量及整理

一、学习目标
① 能进行岩心出筒、清洗、整理及丈量。
② 掌握岩心录井的基本操作方法。

二、任务实施

(一) 岩心出筒及清洗
① 取心钻头起出井口后,立即推向一边,以防岩心滑落井内。
② 岩心出筒前应丈量岩心的顶底空。顶空是岩心筒上部无岩心的空间距离,底空是岩心筒下部(包括钻头)无岩心的空间距离。
③ 在接心台上,将岩心从岩心筒中顶出,逐块接心,并按顺序摆放好。
④ 可用棉纱或刮刀把有油气显示的岩心清理干净,用清水把无油气显示的岩心洗干净。岩心出筒的关键在于保证岩心的齐全和上下顺序不乱。常用的岩心出筒方法有手压泵出心法、机械提升出心法和水泥车泵压出心法等。接心时应特别注意岩心的出筒顺序:先出筒的为下部岩心,后出筒的为上部岩心,应依次排列在出心台上,不能排错顺序。岩心次序搞不清楚时,可按照岩心断裂茬口特征和磨损面上下岩性关系,用公母匹配法复原。接心时,注意观察是否有油气显示。岩心出完要进行去污处理,对油基钻井液取出的岩心、密闭取心的岩心、有油气显示的岩心不许用水冲洗,可用棉纱擦干净或用刮刀刮干净;无油气显示的岩心可用清水洗干净。

(二) 岩心丈量
① 将岩心按自然顺序排好,对好茬口、磨光面,并去掉假岩心。
假岩心松软,剖开后成分混杂,与上下岩心不连续,多出现在岩心顶部,为井壁掉块或余心碎块与泥饼混在一起进入岩心筒而形成的。假岩心不能计算长度。
凡超出该筒岩心收获率的岩心要查明井深和下钻方入,确定是否为上筒余心的套心。
② 用红铅笔或白漆,自上而下划一条丈量线,箭头指向钻头一端,标出半米和整米记号。岩心从顶到底进行一次性丈量,长度精确到厘米。
③ 计算岩心收获率。

(三) 岩心整理及保管
① 将丈量好的岩心,按井深顺序自上而下、从左至右依次装入岩心盒内。放岩心时,如有斜断面、磨损面、冲刷面或断层面都要对好,排列整齐。若岩心是疏松散砂或破碎严重,可用塑料袋装好,放在相应位置。
② 标注半米和整米记号,以免产生描述分层累计误差。标注方法是在方向线上的半米、整米记号处用白漆涂成直径1cm的实心圆,漆干后用绘图笔在实心圆中标明半米、整米数值。
③ 按岩心的自然断口自上而下、从左至右逐块编号。

ⅰ.编号以代分数形式表示,即:$A\frac{B}{C}$。其中,A 表示取心筒次;B 表示本块岩心编号;C 表示该筒岩心总块数。

例:某井第30次钻井取心的岩心总编号为40,那么第16块岩心的编号表示方法是 $30\frac{16}{40}$。

ⅱ．编号方法：用白漆在岩心柱面上涂一 4cm×2.5cm 的长方形，漆干后用绘图笔在长方形白漆上标明编号。破碎的岩心段可将编号写在卡片上后贴在该块岩心上。

ⅲ．编号方向应同岩心摆放方向一致，绝对不能颠倒。

ⅳ．岩心分块编号最大长度不得超过 20cm。若为大于 20cm 的长岩心段应分编两个以上的号。

④ 盒内筒次之间的岩心用挡板隔开，并贴上岩心标签，注明两次取心的筒次、取心井段、进尺、岩心长度、收获率和块数等内容。

ⅰ．在岩心盒的一侧，用薄膜刻模喷漆法喷上井号、盒号、井段、块号等。

ⅱ．填写取样标签，并贴在取样块处对应的岩心盒内侧。

⑤ 填写岩心入库清单，及时入库保存。岩心入库清单包括：井号、取心井段、取心次数、心长、进尺、收获率、地层层位、岩心盒号等。

三、注意事项

① 岩心出筒时必须有专人负责，岩心顺序不允许排错。

② 冬季出心，一旦发生岩心冻结在岩心筒内，只许用蒸汽加热处理，严禁用明火烧烤。

③ 采用一次丈量法。每取一筒岩心都应计算一次收获率，一口井的岩心取完了，应计算出平均收获率，计算结果保留两位小数。

四、任务考核

1. 考核要求

① 如违章操作，将停止考核。

② 考核方式：本项目为实际操作任务，考核过程按评分标准及操作过程进行。

2. 评分标准（表2-7）

表2-7 岩心出筒、清洗、丈量及整理评分标准

序号	考核内容	考核要求	评分标准	配分	得分
1	岩心出筒	丈量"底空"与"顶空"	不会丈量或未丈量扣10分	10	
2		卸下取心钻头，钻头内若有岩心应放入岩心盒中	取心钻头内岩心未取出放入岩心盒里扣10分	10	
3		卸下岩心爪，岩心爪内的岩心也必须按顺序放入岩心盒	岩心爪内的岩心未取出扣10分	10	
4		按顺序进行岩心出筒	岩心顺序颠倒、错乱扣10分	10	
5		清洁岩心；如出筒时发现有油气显示的岩心不得用水洗，而应用棉纱擦干净或用刀刮净即可	含油气岩心清洗方法或保存方法不当扣15分	15	
6		按顺序和自然断口接好后进行一次性丈量	不会按顺序接合岩心扣10分；不会丈量岩心长度扣5分	15	
7		从本筒岩心的顶部开始，每0.5m作一记号，标出其距顶距离	未对岩心作标记或顶底标记颠倒，扣10分	10	
8		按顺序装箱	不按顺序装箱扣5分	5	
9		计算收获率，岩心收获率＝实取岩心长度(m)/取心进尺(m)×100%	岩心收获率计算错误扣5分	5	

续表

序号	考核内容	考核要求	评分标准	配分	得分
10	安全生产	按企业制定的有关规定穿戴劳保用品	劳保用品少穿戴1件扣5分；违反操作规程视情节轻重给予扣分；发生重大责任事故者,取消考试资格	10	
备注		时间为30min	合计	100	
			考评员签字： 年 月 日		

3. 工具、材料、资料（表2-8）

表2-8 岩心出筒、清洗、丈量及整理评分标准

序号	名称	单位	数量	备注
1	岩心盒	个	若干	
2	塑料袋	个	若干	
3	油漆	桶	1	
4	标签	份	若干	
5	岩心入库清单	份	若干	
6	绘图墨水	瓶	1	
7	棉纱、刮刀	个	若干	
8	钢卷尺	把	各1	含2m钢卷尺
9	小排笔	支	1	
10	毛笔	支	1	
11	绘图笔	支	若干	

五、相关知识

（一）岩心录井

钻井过程中，用取心工具，将地层岩石从井下取至地面，并对其进行分析、研究，从而获取各项资料的过程叫岩心录井。

① 岩心资料是最直观地反映地下岩层特征的第一性资料，通过对岩心的分析、研究可以解决下列问题。

 i. 根据岩性、岩相特征，分析沉积环境。

 ii. 根据古生物特征，确定地层时代，进行地层对比。

 iii. 计算油气田地质储量。通过岩心录井获得储集层的储油物性及有效厚度等资料。

 iv. 掌握储集层的"四性"（岩性、物性、电性、含油性）关系。

 v. 了解生油层的特征及生油指标。

 vi. 获得地层倾角、接触关系、裂缝、溶洞和断层发育情况等资料，为构造研究做前期准备。

 vii. 检查开发效果，获取开发过程中所必需的资料。

② 取心的种类。钻井取心根据所用钻井液的不同，分水基和油基钻井液取心两大类。

 i. 水基钻井液取心：成本低，工作条件好，是广泛采用的一种取心方法。但其最大缺

陷是钻井液对岩心的冲刷作用大，浸入环带深，所取岩心不能完全满足地质要求。

ⅱ. 油基钻井液取心：多数在开发准备阶段采用。其最大优点是保护岩心不受钻井液冲刷，能取得接近油层原始状态下油水饱和度资料，为油田储量计算和开发方案的编制提供准确的参数。但其工作条件极差，对人体危害大，污染环境，且成本高。

ⅲ. 密闭取心：这种方法仍采用水基钻井液，但由于取心工具的改进和内筒中的密闭液对岩心的保护，使岩心免受钻井液的冲刷和浸泡，能达到近似油基钻井液取心的目的。

（二）取心原则

由于钻井取心成本高、速度慢，在油田勘探开发过程中，只能根据地质项目要求，适当安排取心，为此要掌握如下原则。

① 新区第一批探井应采用点面结合、上下结合的原则，将取心项目集中到少数井上，用分井、分段取心的方法，以较少的投资，获取探区比较系统的取心资料。或按见显示取心的原则，利用少数井取心资料去获取全区地层、构造、含油性、储油物性、岩电关系等资料。一般区域探井的间断取心进尺不得少于钻井总进尺的3%，预探井的间断取心进尺不得少于1%。

② 针对地质项目的要求，安排专项取心。如开发阶段，要查明注水效果而布置注水检查井，为求得油层原始饱和度则确定油基钻井液和密闭钻井液取心；为了解断层、地层接触关系、标准层、地质界面而布置专项项目取心。

③ 各类井别的取心目的和原则。

ⅰ. 区域探井、预探井钻探目的层及新发现的油气显示则应取心。为弄清地层岩性、储集层物性、局部层段含油性、生油指标、接触界面、断层、油水过渡带等，确定完钻层位及特殊地质项目则应取心。

ⅱ. 在构造油气层分布清楚、油气水边界落实的待开发区，要选定一～二口有代表性的评价井和开发井集中进行系统取心或密闭取心，以获取各类油气层组的物性资料和四性关系等开发基础资料数据。

ⅲ. 每口井具体的取心原则是：地质设计中应明确规定，现场录井工作者应按设计卡准每个取心位置，不得漏掉取心层位。若设计取心位置或油气显示比预计提前或推迟出现，要加强对比，见显示应及时取心。

ⅳ. 其他地质目的的取心。如完钻时的井底取心、卡潜山界面取心、油气水过渡带取心等。

（三）取心层位的确定

在勘探开发中，对已确定的取心井也不是全井都取心，常常是分段取心。因此，要合理选择取心层位。一般情况下，以下层位应当进行取心。

① 主要油层段。
② 储集层的孔隙度、渗透率、含油饱和度、有效厚度及注水、采油效果不清楚的层位。
③ 地层岩电关系不明的层位。
④ 地层对比标准层变化较大或不清楚的区域标准层。
⑤ 研究生油岩特征的层位。
⑥ 卡潜山界面、完钻层位及其他需要取心证实的地层。
⑦ 需要检查开发效果及注水效果的层位。

（四）取心工具

取心工具主要由取心钻头、岩心筒、岩心爪、回压凡尔、扶正器等组成，如图 2-1 所示。

（五）取心前的准备工作

① 收集邻井、邻区的地层、构造、含油气情况及地层压力、注水压力资料，通过综合分析做好取心井目的层地质预告图。

② 丈量取心工具和专用接头，确保钻具、井深准确无误。

③ 明确分工，责任到人，确保岩心录井工作的质量。一般分工是：地质录井小队长负责具体组织和安排，对关键环节进行把关；地质师（地质大班）负责岩心描述和绘图；专职采集人员负责岩心出筒、丈量、整理、采样和保管等工作；小班地质工负责钻具管理，记录钻时，计算丈量到底方入、割心方入，收集有关地质、工程资料数据。岩心出筒时，各岗位人员通力配合，专职采集人员做好出筒、丈量、整理和采样工作。

④ 卡取心层位。在钻达预定取心层位前，应反复对比邻井及本井实钻剖面，抓住岩性标志层、电性标志层，确定并卡准取心层位。若该井岩性标志层不清楚或地层变化大，则必须进行对比测井。

⑤ 检查各种工具、器材是否齐全。包括岩心盒、标签、挡板、水桶、帽子、刮刀、劈刀、榔头、塑料筒、玻璃纸、牛皮纸、石蜡、油漆、放大镜、钢卷尺等。

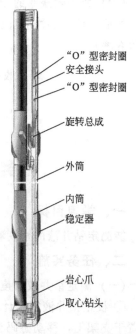

图 2-1 取心工具示意图

（六）岩心录井中应注意的事项

① 准确丈量方入。取心钻井中只有量准到底方入和割心方入，才能准确计算岩心进尺和合理选择割心层位。实际工作中，常见到底方入与割心方入不符，主要原因是井底沉砂太多，或井内有落物，或井内有余心，使钻具不能到底，或者钻具计算有误等。遇到这种情况，应及时查明原因，方可开始取心钻进。

丈量割心方入时，指重表悬重与取心钻进时的悬重应该一致，这样计算出的取心进尺与实际取心进尺才相符，否则就会出现差错。

② 合理选择割心层位。合理选择割心层位是提高收获率的主要措施之一。理想的割心层位是"穿鞋戴帽"，即顶部和底部均有一段较致密的地层（如泥岩、泥质砂岩等），以保护岩心顶部不受钻井液的冲刷损耗，底部可以卡住岩心不致脱落。

③ 一般取心钻井中，应加密至 0.25m 或 0.1m 记录钻时。

④ 取心钻进过程中应照常进行捞砂及其他录井工作。

ⅰ. 起钻前未捞岩屑，或岩心收获率低于 80% 时，应在扩眼时补捞，为无岩心段提供岩屑描述参考资料。

ⅱ. 油气层取心，应及时收集气测（综合录井）资料，观察钻井液槽池油气水显示情况，做好记录。必要时应取样分析，为综合解释提供辅助参考资料。

ⅲ. 随时观察记录钻进中蹩跳钻、井漏、憋泵等情况，以辅助分析和改进取心工艺措施。

⑤ 监督司钻文明操作。

ⅰ. 取心钻进时，不能随意上提下放钻具，以免把已取的岩心折断、损坏。

ⅱ. 取心起钻应做到平稳操作，严禁用转盘卸扣，猛提猛刹，防止岩心脱卡掉落井内。在整个起钻过程中，应严密监视井下动静，观察记录钻井液槽池油气显示情况。

（七）取心收获率的计算

每取一筒岩心均应计算一次收获率。当一口井取心完毕，应计算出全井岩心收获率（平均收获率）

$$岩心收获率(平均收获率)=\frac{实取岩心长度(m)}{取心进尺(m)}\times100\% \tag{2-9}$$

$$岩心总收获率=\frac{累计实取岩心长度(m)}{累计取心进尺(m)}\times100\% \tag{2-10}$$

任务四　测定钻井液的密度和黏度

一、学习目标

能测定钻井液的密度和黏度。

二、任务实施

（一）测定钻井液密度

① 校正钻井液密度计。将钻井液杯注满4℃纯水（或清水），盖上杯盖擦干，将秤杆刀口置于支架上，移动游码至刻度1.00处，若密度计不水平，可调节密度计尾端金属小球至水平状态为止。

② 取钻井液。用量杯在钻井液槽内或池内取正在流动的钻井液。

③ 放好密度计的底座，使之保持水平，将钻井液倒入密度计容器内，盖上盖子，并缓慢拧动压紧，使多余的钻井液从杯盖的小孔中慢慢溢出，用大拇指压住盖孔，清洗杯身及横梁上的钻井液，并用棉纱擦净。

④ 将密度杆刀口置于支架的刀垫上，移动游码，使秤杆呈水平状态，水平泡居中，在游码的左边边缘读出刻度数，即是所测钻井液的密度值。

⑤ 记录测量数据及井深。

（二）测定钻井液黏度（以漏斗黏度计为例）

① 取钻井液。用容积为1000mL的量杯在钻井液槽或池内取流动的钻井液。

② 悬挂好漏斗黏度计，盖上滤网。

③ 用左食指堵住漏斗黏度计管口，将700mL钻井液注入漏斗内。

④ 将量筒放在漏斗管口下面，放开左手指同时启动秒表；量筒流满（500mL）后，立即关住秒表，同时左手食指迅速堵住管口，读出秒表上的数值。所得的时间数值就是被测钻井液的漏斗黏度。

⑤ 记录测定的数据及井深。

三、注意事项

① 每口井开钻前应对密度计、黏度计进行校正。

② 取样时应取钻井液槽中流动的新鲜钻井液。

③ 按设计要求的间距及时取样，并按设计要求的间距进行测定。

④ 发现油气显示和钻遇油、气、水层时必须加密测量。
⑤ 加重压井时,应测量进出口钻井液的密度。

四、任务考核

1. 考核要求

① 如违章操作,将停止考核。
② 考核方式:本项目为实际操作任务,考核过程按评分标准及操作过程进行。

2. 评分标准(表2-9)

表2-9 测定钻井液的密度和黏度评分标准

序号	考核内容	考核要求	考核标准	配分	扣分	得分
1	校正钻井液密度计	要会用纯水校正密度计,认识密度计的组成结构,会调移动游码,调整金属小球数量,掌握校正标准,会观察水银泡的水平状态	未对密度计进行校正或不会校正扣10分	10		
2	测定钻井液密度	会正确采集钻井液,确保待测钻井液为流动的、新鲜的,要掌握采集的数量标准	所取钻井液不新鲜扣5分	5		
3		会正确测定钻井液密度,会正确处理密度计外多余的钻井液。测前密度计外部要洁净,要会调整游码,使秤杆呈水平状态。能够正确读出钻井液的密度值。要读出游码左边刻度值,并记录测定数据及井深	此项不会操作扣10分,清洗杯身时未用拇指压住盖孔扣5分;不会读数或读数有误扣15分;记录有误每项扣1分	35		
4	测定钻井液黏度	会正确采集钻井液,确保待测钻井液为流动的、新鲜的,要求掌握采集的数量标准	所取钻井液不够700mL或不新鲜扣5分	5		
5		要认识漏斗黏度计的结构构造,按照规范悬挂好漏斗黏度计,并按照测定程序正确测定钻井液的漏斗黏度。钻井液要经滤网过滤。操作中左、右手不得搞错位置,测定时启、关秒表要准确,放开漏斗管口和启动秒表要同步,量筒容积要符合标准。测定后应记录测定的数据及井深	未盖滤网扣5分;注入钻进液时未堵住漏斗管口扣5分;注钻井液量不够扣5分;放开漏斗管口和启动秒表未同步进行扣10分;量筒流满后未及时关住秒表扣10分;读数错扣2分;记录有误每项扣1分	35		
6	安全生产	按规定穿戴劳保用品	未按规定穿戴劳保用品扣10分	10		
			合计	100		
备注	时间为30min。要求填写50m井段含油气显示层		考评员签字: 年 月 日			

3. 工具、材料、设备(表2-10)

表2-10 测定钻井液的密度和黏度工具、材料、设备表

序号	名称	单位	数量	备注
1	滤纸	张	若干	
2	密度计	个	1	
3	漏斗黏度计	个	1	

续表

序号	名称	单位	数量	备注
4	秒表	个	1	
5	量筒、量杯	个	1	
6	玻璃漏斗	个	1	
7	记录纸	个	1	
8	pH试纸	本	若干	

五、相关知识

(一) 钻井液的功用

钻井液是由黏土、水（或油），以及各种化学处理剂组成的一种溶胶悬浮体的混合体系，被称为钻井工程的血液，在钻井中起着多方面的作用。

① 带动蜗轮，冷却钻头、钻具。

② 清洗井底，携带岩屑，悬浮岩屑和加重剂，降低岩屑沉降速度，避免沉砂卡钻。

③ 平衡岩石侧压力，并在井壁形成泥饼，保持井壁稳定，防止地层坍塌。

④ 通过钻头水眼传递动力，冲击井底，帮助钻头破碎井底岩石，提高钻井速度。

⑤ 平衡地层中的流体（油、气、水）压力，防止井喷、井漏等井下复杂情况，保护油气层。

(二) 钻井液的常规性能

1. 密度

钻井液的密度必须符合地质设计的要求，不能过大，也不能过小。

(1) 密度过大的危害

① 抗污染能力下降。

② 损害油气层。

③ 降低钻井速度。

④ 产生过大的压力差，易造成压差卡钻。

⑤ 易憋漏地层。

⑥ 易引起过高的黏切。

⑦ 多消耗钻井液材料及动力。

(2) 密度过低的危害

密度过低则容易发生井喷、井塌（尤其是负压钻井）、缩径（塑性地层，如较纯的黏土、岩盐层等）及携屑能力下降等。

(3) 密度的调整

钻井中若钻遇水层、高压地层或低压油层，密度会发生变化，必须加以调整。

① 在对其他性能影响不大时，加水降低密度是最有效且最经济的方法。

② 加浓度小的处理剂，可降低密度且能保持原有性能，但要考虑钻井液接受药剂的能力。

③ 加优质轻钻井液也可降低密度，但降低幅度不大。

④ 混油亦可降低密度，但不够经济，且影响地质录井。

⑤ 充气亦可大大降低钻井液密度，如钻低压油层可用充气钻井液。

⑥ 提高密度可加入各种加重材料，通常以加重晶石粉为主。
⑦ 加重钻井液时不能过猛，应逐渐提高，每次以增加 0.10g/cm³ 较适宜。
⑧ 加重前对钻井液固相含量必须加以控制。所需密度越高，加重前的固相含量应越低，黏切力应越小。

钻井液的相对密度是指钻井液在 20℃时与同体积 4℃时纯水的质量之比。

2. 黏度

钻井液黏度是钻井液流动时固体颗粒之间、固体颗粒与液体之间，以及液体分子之间的内摩擦力的总反映，现场常使用漏斗黏度。

钻井液黏度对钻井速度的影响主要表现在钻井液从钻头水眼处喷射至井底时，在井底易形成一种类似黏性垫子的液层，它降低和减缓了钻头对井底的冲击力和切削作用，使钻速降低。若用清水钻进则钻速提高。另外，由于它的密度低，形成的液柱压力小，而且黏度小，液流对井底的冲击力强，使钻头冲击和切削岩石的阻力小。不分散型低固相钻井液具有很好的剪切稀释效应，在环形空间的低速度梯度范围内，它的黏度比分散型钻井液黏度高，而在钻头水眼处的高速度梯度范围内，黏度可接近清水，因而它有较好的钻井液流变参数，可大幅度提高钻井速度，有效地提高岩屑携带效率，保证井下安全。

3. 切力

钻井液中的黏土颗粒，由于形状不规则，表面带电性和亲水性不均匀，可形成网状结构，慢慢失去流动性，并且随时间的延长结构强度逐渐增大，破坏钻井液中的单位面积上网状结构所需要的最小切应力，称为钻井液的极限静切应力，简称切力。

初切力是钻井液静止 1min 时所测得的静切力；终切力是钻井液静止 10min 时所测得的静切力。钻井液静切力越大，蚀变性能越好，悬浮岩屑能力越强，反之则越弱。

4. 滤失量

滤失量也叫失水量。在井眼内钻井液中的水分因受压差的作用而渗透到地层中去，这种现象叫滤失，滤失的多少叫滤失量，钻井液在井内静止条件下的滤失作用称为静滤失。钻井液在井内循环条件下，即泥饼形成和破坏达到动态平衡时的滤失作用称为动滤失。在一定剪切速率下测定的滤失量，称为动滤失量（动失水）。

5. 泥饼

由于钻井液液柱与地层的压差作用，驱使钻井液沿地层的孔隙、裂缝渗入地层，同时钻井液中的固相颗粒不断堵塞孔缝，在井壁周围形成一层堆积物，此堆积物叫泥饼。泥饼的厚度与钻井液的滤失量有密切关系，对同一钻井液而言，其滤失量愈大，泥饼愈厚；对不同钻井液，其滤失量相同，但泥饼厚度不一定相同。泥饼的作用是稳固井壁，控制失水，润滑钻具。

6. 含砂量

含砂量是指钻井液中不能通过 200 目筛子（即边长为 74μm）的砂子的量，常以质量分数或体积分数（％）来表示，砂子中包括加重材料、黏土及钻屑。

7. pH 值

pH 值的含义为钻井液中氢离子浓度的负对数，常用 pH 值的高低来衡量钻井液酸度的大小。

pH＝7 时表示钻井液为中性；pH＜7 时为酸性；pH＞7 时为碱性。

任务五　收集钻井过程中油气水显示资料

一、学习目标
① 能观察并及时收集钻井过程中油气水显示资料。
② 能计算油气上窜速度，采集油、气、水样。

二、任务实施

（一）观察、记录钻井液槽面显示

① 记录槽面出现油花、气泡的时间，显示达到高峰和明显减弱的时间，并根据迟到时间推断油、气层的井深和层位。
② 观察、记录槽面出现显示时、显示达到高峰时及显示减弱时的油花、气泡的数量及占槽面的百分比。
③ 观察油气在槽面的产状、油花的颜色及油花的分布情况（呈条带状、片状、点状及不规则形状）、气泡的大小及分布特点等。
④ 观察槽面有无上涨现象，记录上涨高度；闻有无油气芳香或硫化氢味等。

（二）观察、记录钻井液出口情况

观察钻井液流出是否时快时慢、忽大忽小，有无外涌现象，如有这些现象，应进行连续观察，并记录时间、井深、层位及变化特征。

（三）观察、记录钻井液池面变化情况

观察钻井液池面有无上升下降现象，记录上升下降的起止时间、幅度及高度，观察池面有无油花、气泡及其产状。

（四）收集钻井液性能资料

钻遇油、气、水层时，应随时观察、记录钻井液性能变化情况。

（五）收集岩性及其他资料

及时观察岩屑，确定含油气岩屑的含油级别，并与地质预告对比，判断是否为新显示。

（六）记录钻时、气测、地化资料

钻遇油、气、水层时，应加密测量分析，及时与上部地层对比。气测在显示段应加测后效。

三、注意事项

① 要详细观察、记录钻井液槽面显示，并根据迟到时间推断油、气层的深度和层位。
② 要观察钻井液出口情况，会正确判断异常情况，详细记录异常特征及时间、井深、层位等。
③ 要及时测量、收集钻井液性能资料，并记录钻井液性能变化情况。
④ 要详细收集岩性及其他资料，及时观察岩屑，确定含油气岩屑的含油级别，会与地质预告对比，能够判断新旧油气显示。
⑤ 要系统收集钻时、气测、地化资料等相关资料。

四、任务考核

1. 考核要求

① 如违章操作，将停止考核。

② 考核方式：本项目为实际操作任务，考核过程按评分标准及操作过程进行。

2. 评分标准（表 2-11）

表 2-11　收集钻井过程中油气水显示资料评分标准

序号	考核内容	考核要求	评分标准	配分	得分
1	收集油、气显示资料	观察泥浆槽液面变化情况	未记录泥浆槽液面变化数据扣 10 分	10	
2		观察泥浆池液面变化情况	未记录泥浆池液面变化数据扣 10 分	10	
3		观察钻井液进、出口的变化情况	未记录钻井液进、出口的变化数据扣 10 分	10	
4		岩性特征变化	不会综合分析岩性特征变化扣 10 分	10	
5		钻井液性能变化情况	未记录钻井液性能变化数据扣 10 分	10	
6		气测数据变化资料	未记录气测数据变化资料扣 10 分	10	
7		钻时数据变化资料	不会综合分析钻时数据变化资料扣 15 分	15	
8		及时、准确记录油气显示时的井深数据及地层层位资料	资料收集不齐全、不准确扣 15 分	15	
9	安全生产	按企业制定的有关规定穿戴劳保用品	劳保用品少穿戴 1 件扣 5 分；违反操作规程视情节轻重给予扣分；发生重大责任事故者，取消考试资格	10	
备注		时间为 30min	合计	100	
			考评员签字：　年　月　日		

3. 工具、材料、设备（表 2-12）

表 2-12　收集钻井过程中油气水显示工具、材料、设备

序号	名称	单位	数量	备注
1	观察记录	张	若干	
2	滤纸	张	若干	
3	有机溶剂	瓶	1	
4	标签	份	若干	
5	荧光灯	台	1	
6	量杯	个	若干	
7	取样罐	个	若干	

五、相关知识

（一）对钻井液录井的有关要求

① 任何类别的井，在钻进或循环过程中都必须进行钻井液录井。

② 区域探井、预探井钻进时不得混油，包括机油、原油、柴油等。不得使用混油物，

如磺化沥青等。若处理井下事故必须混油时，需经探区总地质师同意，事后必须除净油污方可钻进。

③ 对钻井液密度设计的一般要求是使钻井液的液柱压力略大于地层压力。

④ 必须用混油钻井液钻进时，一定要做混油色谱分析。

⑤ 钻开油气层后，再次下钻循环钻井液过程中出现油气显示时，必须进行后效气测。

⑥ 遇井涌、井喷应采取罐装样进行录井。

⑦ 因井漏未捞岩屑，待处理井漏或正常后钻井液体返出时，按原迟到时间捞取。这种样代表性差，应加以备注说明。

⑧ 井场严禁明火，做气样点燃时必须远离井场。

⑨ 钻井液处理情况，包括井深、处理剂名称、用量、处理前后性能等，都要分次详细记录在观察记录中。特别是对混油钻井液必须注明油品及混油量等。

（二）钻井液油气显示类别及油气上窜速度的计算

1. 钻井液油气显示类别的划分

根据钻井液中油气显示的程度，一般分为以下四级。

油花、气泡：油花或气泡的面积占槽池面的30%以下，全烃及色谱组分值上升，钻井液性能变化不明显；

油气浸：油花或气泡占槽池面的30%~50%，全烃及色谱组分值高，钻井液性能变化明显；

油气涌：油花或气泡的面积占槽池面的50%以上，油气味浓，钻井液间歇涌出或涌出转盘面1m以内；

井喷：钻井液喷出转盘面1m以上的现象。喷高超过二层平台为强烈井喷。

2. 油气上窜速度的计算

(1) 油气上窜速度的概念

当油气层压力大于钻井液柱压力时，在压差的作用下，油气进入钻井液并向上流动的现象，即为油气上窜现象。单位时间内油气上窜的距离称为油气上窜速度。

(2) 油气上窜速度的意义

① 若油气上窜速度很快，说明钻井液密度过小，需适量加大，注意防喷。

② 若油气上窜速度很慢或没有上窜现象，说明钻井液密度过大，要防止压死油层。

③ 油气上窜速度是衡量井下油气层活跃程度的标志。油气上窜速度的大小反映油气层的能量大小。应做到压而不死，活而不喷。

(3) 油气上窜速度的计算

① 通常应与气测后效配合进行。

② 无气测时，地质人员要记录下钻循环时钻头的下入深度、开泵时间、排量和槽面见油气的时间。查出钻头所在深度的迟到时间或循环时重新实测的迟到时间，即可计算。

③ 油气上窜速度的计算公式如下。

迟到时间法：

$$v = \frac{H - \left[\dfrac{h}{t}(T_1 - T_2)\right]}{T_0} \tag{2-11}$$

式中　v——油气上窜速度，m/h；
　　　H——油、气层深度，m；
　　　h——循环钻井液时钻头所在井深，m；
　　　t——钻头所在井深的迟到时间，min；
　　　T_1——见油、气显示时间，min；
　　　T_2——下到 h 深度后开泵时间，min；
　　　T_0——井内钻井液静止时间，h。

迟到时间法比较接近实际情况，是现场常用的方法。

容积法：

$$v=\frac{H-\left[\dfrac{Q}{V_c}(T_1-T_2)\right]}{T_0} \tag{2-12}$$

式中　Q——泥浆泵排量，L/min；
　　　V_c——井眼环形空间每米理论容积，L/m；
其余符号同前。

下钻过程中，多次循环钻井液时适合于容积法计算上窜速度，但误差较大。

3. 油、气、水样采集方法

（1）取原油样

取原油样品时一般用广口瓶在钻井液槽取流动的、新鲜的钻井液。取好后应将瓶盖盖紧，防止样品受污染或某些组分的散失；将样品瓶外表清洗干净，填写取样标签后贴在样品瓶上，然后将样品瓶倒置。

（2）取气样

如果有气测（或综合录井）时可用气测（或综合录井）的脱气器取气样。如无气测（或综合录井）时，可用排水取气法收集气样。如图 4-4 所示，将取气样瓶装满清水倒放在钻井液槽钻井液液面上，瓶口装有由胶皮管连接的排水管和进气漏斗，将进气漏斗浸入钻井液中，当瓶内的水被排除的同时，气便进入瓶中。取到瓶内有 3/4 的气时，即可扎紧软管，放正取气瓶，将气样送有关单位分析。排水取气法如图 2-2 所示。

如果工作中一时找不到进气漏斗和胶皮管，还可用更简便的办法取得气样。将 500mL 广口瓶中装满清水，用手紧紧堵住瓶口，把瓶倒立并放在钻井液液面之下，然后慢慢将手松开，气泡便逐渐进入瓶中排出清水，待瓶内充气 3/4 左右时，在钻井液液面之下将瓶盖紧，取出气样瓶，将样品瓶外表清洗干净，填写取样标签后贴在样品瓶上，然后将样品瓶倒置。

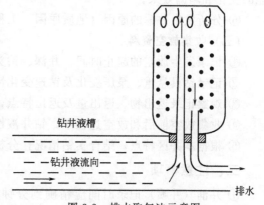

图 2-2　排水取气法示意图

（3）取水样

在钻井过程中，无法取到纯地层水样。通常情况下都是用失水仪取钻井液的滤液，填写取样标签后贴在样品瓶上，然后将样品瓶倒置。标签填写的内容有：井号、井深、层位、取样日期、取样类型、取样人等。

任务六　收集复杂钻井情况下的录井资料

一、学习目标

能在井喷、井漏、井涌、放空等复杂情况下，收集各项地质资料。

二、任务实施

(一) 收集井涌、井喷资料

① 收集井涌、井喷的起止时间及井深、层位、钻头位置、岩性等资料。

② 记录指重表悬重、泵压变化情况及防喷管线压力变化、防喷管线的尺寸、放喷起止时间和喷出物等。

③ 测量记录井涌、井喷前后钻井液性能变化情况。

④ 观察记录井涌、井喷时喷出物的性质。数量、井喷方式、喷出高度及射程，以及夹带物名称、大小等。同时收集进出口流量的变化。根据井喷或放喷起止时间、油气水喷出总量，折算油气水日产量。

⑤ 记录井涌、井喷前后所采取的措施，包括压井时间、加重剂名称及用量、加重前后钻井液性能变化情况等。

⑥ 尽可能连续采集油、气、水样送化验室分析。

⑦ 分析井涌、井喷原因，记录钻进、循环、起下钻等其他工程情况。

(二) 收集井漏资料

① 记录发生井漏的起止时间、层位、井深、钻头所在位置。

② 计算单位时间漏失量及总量、漏速及其变化情况。

③ 记录漏失前后及漏失过程中钻井液性能的变化情况，并及时取样送化验室进行分析。加强岩屑观察，判断是否钻遇油气层。

④ 观察记录返出物、返出量及返出特点，返出物中是否有油气显示。

⑤ 记录堵漏方法、堵漏时间、处理剂名称及其用量、处理前后泵压、排量、钻井液性能的变化和堵漏效果。

⑥ 分析发生井漏的原因（地质原因、工程因素、人为因素等）。

(三) 收集放空资料

① 记录发生放空的起止时间、井深、钻头所在位置。

② 记录钻具悬重、泵压变化及钻速变化情况。

③ 观察记录返出物、返出量及返出特点，返出物中是否有油气显示。

④ 收集放空前后和放空过程中，钻井液性能变化及泵排量变化情况。

⑤ 根据本井区特点，结合实钻情况，分析放空的地层、岩性，判断溶洞大小。

三、注意事项

① 井涌（井喷）记录时间应精确到分钟，高度应精确到0.1m，加重剂用量应精确到千克。

② 井涌（井喷）时，关封井器后，1h内每5min记录一次井口压力，压力变化不大时，可适当延长记录时间，但不允许超过1h。

③ 放空、井漏时，时间应精确到分钟，井深应精确到厘米，漏失量应精确到立方米。
④ 对于油气显示层段应及时取样进行分析。

四、任务考核

(一) 收集井涌、井喷资料

1. 考核要求

① 如违章操作，将停止考核。
② 考核方式：本项目为实际操作任务，考核过程按评分标准及操作过程进行。

2. 配分、评分标准（表2-13）

表2-13 收集井涌、井喷资料

序号	考核内容	考核要求	评分标准	配分	得分
1	井涌、井喷时间及随钻情况	要求详细描述井涌、井喷发生时，收集的基本数据及具体内容。要求内容齐全，不得遗漏。至少要简答5项内容	描述内容不全，少一项扣3分	15	
2	压力变化情况及钻井液性能变化	压力变化要简述两项内容。要简要说明压力变化具体内容、钻井液性能包含的内容	简述不全，少一项扣3分	15	
3	涌(喷)出物情况	要简要说明发生井涌、井喷时，收集喷、涌出物的内容及相关情况，不得漏项。至少要简述6项内容	简述不全，少一项扣4分；错一项扣2分	24	
4	实施措施情况	要简述井涌、井喷发生后所采取的措施及实施效果。要简要说明具体内容，不得漏失项目。至少要简述四项内容	简述不全，少一项扣4分；错一项扣3分	16	
5	样品采集	要简述如何采集油、气、水样。至少简述三项内容(洗、装、放)	未按标准填写，每处扣5分	15	
6	原因分析	要能够根据情况，简明分析井涌、井喷原因	未分析原因扣10分；分析错扣5分	15	
			合计	100	
备注	时间为30min。以简述或笔试方式进行考试		考评员签字： 年　月　日		

3. 工具、材料、设备（表2-14）

表2-14 收集井涌、井喷资料工具、材料、设备表

序号	名称	规格	单位	数量	备注
1	答题纸		张	若干	
2	钢笔		支	1	
3	资料整理室		间	1	以简述或笔试方式进行考试

(二) 收集井漏、放空资料

1. 考核要求

① 如违章操作，将停止考核。
② 考核方式：本项目为实际操作任务，考核过程按评分标准及操作过程进行。

2. 配分、评分标准（表 2-15）

表 2-15 收集复杂钻井情况下评分标准

序号	考核内容	考核要求	评分标准	配分	得分
1	收集井漏资料	要简述井漏时应收集的基本数据。内容要包括起止时间、层位、井深、钻头位置等	少一项扣3分	12	
2		要简述钻井液漏失时应收集的钻井液性能变化等性能内容，包括漏失量、钻井液	少一项扣3分；内容错，一项扣3分	10	
3		要简述钻井液返出情况。内容应包括返出物、返出量及返出特点、有无油气资料显示及按规定取样进行分析的情况	少一项扣2分；内容错一项扣2分	10	
4		要简述堵漏处理情况。内容包括时间、材料名称、用量及堵漏前后井内液柱变化情况，堵漏时钻井液返出量，堵漏前后工程参数变化等	少一项扣3分；内容错一项扣3分	20	
5		要会进行井漏原因分析	未分析原因扣10分	10	
6	收集放空资料	要简述记录放空时间、井段、层位、岩性的情况	少一项扣2分	8	
7		要简述记录钻具悬重、钻速变化情况，测量、记录钻井液性能及泵压、排量变化情况	少一项扣3分	15	
8		观察记录是否有油气显示，按规定取样分析	少一项扣5分	10	
9		确定放空地层层位及岩性	判断有误扣5分	5	
			合计	100	
备注	时间为20min。以简述或笔试方式进行考试。若有此类井可现场考试		考评员签字： 年　月　日		

3. 工具、材料、设备（表 2-16）

表 2-16 收集复杂钻井情况下的录井资料工具、材料、设备

序号	名称	规格	单位	数量	备注
1	答题纸		张	若干	
2	钢笔		支	1	
3	资料整理室		间	1	以简述或笔试方式进行考试

五、相关知识

（一）井涌、井喷

1. 井涌、井喷的概念

井涌：由于钻井液柱压力小于地层压力，在压差驱动下，钻井液涌出井口至转盘面以上1m以内的现象称为井涌。

井喷：当井底压力小于地层压力时，钻井液喷出井口转盘面 1m 以上时称为井喷。当喷高超过二层平台时为强烈井喷。

2. 造成井涌、井喷的原因

造成井涌、井喷的原因是井内压力失去平衡，井内钻井液柱压力小于地层压力。其井内压力失去平衡的原因如下。

① 地层压力判断不准，配置的井内钻井液密度小于地层压力当量钻井液密度。

② 起钻时未灌满钻井液或钻遇漏失层时，钻井液液柱高度降低，与地层产生负压力差。

③ 起钻时的抽汲作用，使井底压力减小。

④ 停止循环时，作用在井底的环空压力消失，使井底压力减小。

3. 井喷处理方法

井喷的处理过程即为关井和压井过程。当出现溢流或井喷时，应立即采取关井或压井措施，以达到制止溢流或控制井喷的目的。通常采用以下几种方法。

① 二次循环法。先循环排除受污染的钻井液后关井，然后加重钻井液循环压井。

② 一次循环法。先关井，加重泥浆后再循环压井。

③ 循环加重法。边加重泥浆边循环压井。

（二）井漏

1. 井漏的概念

当钻井液柱压力大于地层压力时，在压差的作用下，井内钻井液流入地层的现象称为井漏。

2. 造成井漏的原因

① 地层因素。地层孔隙大，渗透性好；地层有裂缝、溶洞；长期开采，产层能量未及时补充。

② 措施不当。钻井液密度过大，造成钻井液柱与地层之间的压差大；下钻过快、开泵过猛，泵压过高造成压力激增。

3. 井漏的处理方法

① 渗透性漏失。提高钻井液黏度、切力，必要时适当降低密度。

② 裂缝性漏失。一般用堵漏物堵塞裂缝。根据漏速不同，可注入谷壳、锯末、水泥浆或石灰乳等。

③ 溶洞性漏失。一般先填石子，投水泥球，将溶洞充填后，再用快干水泥分次堵漏；或采用有进无出的办法抢钻过去，然后下套管封隔。

（三）井控的基本概念

井控是油气井压力控制的简称。即采用一定的方法控制住地层孔隙压力，保持井内压力平衡，防止井涌、井喷，确保安全钻进。

根据工艺的复杂程度，将井控作业分为三级，即初级井控（一级井控）、二级井控、三级井控。

一级井控：指用适当密度的钻井液来平衡地层孔隙压力，确保钻井过程中不发生井涌现象。

二级井控：出现井涌和溢流时，依靠地面设备排除气浸钻井液，恢复井内压力平衡，重新达到初级井控状态。

三级井控：指二级井控失败，井涌量大、失去控制发生井喷时，采用适当的技术与设备重新恢复对井的控制，达到初级井控状态。

(四) 井涌、井喷时加重钻井液用量的计算

① 1m³ 钻井液加重剂用量的计算。

$$x=\frac{d_3(d_2-d_1)}{d_3-d_2} \tag{2-13}$$

式中　x——将相对密度由 d_1 增加到 d_2 时，1m³ 钻井液中应加入的加重剂用量，t；
　　　d_1——原钻井液相对密度；
　　　d_2——加重后钻井液相对密度；
　　　d_3——加重剂相对密度。

② 若已知所使用的钻井液总体积 1V（m³）时，加重剂用量 x 为

$$x=\frac{Vd_3(d_2-d_1)}{d_3-d_2} \tag{2-14}$$

任务七　收集钻井工程事故资料

一、学习目标

能收集工程事故（卡钻、断钻具、井下落物、泡油、井壁垮塌等）资料。

二、任务实施

(一) 收集断钻具、落物及打捞资料

1. 收集记录断钻具资料

① 收集记录断钻具日期，断钻具时的井底深度、井底层位、钻头位置、鱼顶深度。
② 收集记录落井钻具的结构组成及总长。
③ 记录发生事故的过程、处理措施及处理结果，并分析事故发生的原因。

2. 收集记录井下落物资料

① 收集记录井下落物发生日期，落物的名称、长度、大小。
② 记录落物落入时井底的层位、深度。
③ 记录处理方法、过程及结果。

3. 收集打捞资料

① 收集打捞工具名称、尺寸、长度。
② 收集打捞时井下钻具的结构及长度。
③ 计算打捞时的鱼顶方入、造扣方入和造完扣的方入。
④ 记录打捞过程和结果。

(二) 收集卡钻资料

① 记录卡钻的时间、井底深度、井底层位、钻头位置及钻头所在的层位、钻具结构、钻具长度及钻井液性能。
② 记录卡钻时钻具上提下放的活动范围、钻具伸长和指重表的变化情况。
③ 配合工程及时计算卡点，根据岩屑剖面或测井资料查明卡点层位、岩性，分析卡钻原因及类型，提出解卡意见。
④ 记录卡钻处理方法、过程及结果（泡油解卡、注入解卡剂解卡、震击解卡等）。

（三）收集泡油资料

① 记录泡油的时间、泡油井段、泡油方式（连续或分段）及所泡油的种类、数量。

② 记录替入钻井液的类型、数量、处理过程和处理结果，并注明钻井液除油情况。

（四）收集井壁垮塌资料

① 记录井壁垮塌的时间、井段、层位、钻头位置、井底层位和岩性。

② 记录井壁垮塌处理方法及处理结果，并分析垮塌原因。

（五）收集打水泥塞、填井、侧钻资料

① 记录打水泥塞的原因、时间、井段、水泥浆的密度（包括最大、最小、平均）、牌号及用量。

② 记录填井的原因、时间，填井方式、井段及填井时注水泥情况。

③ 侧钻时应记录水泥面深度、井深、钻具结构，同时要观察记录钻时和返出物的变化，为准确判断侧钻是否成功提供依据。侧钻后需作侧钻前后的井斜水平投影图及两个井眼的轨迹图，以判断测钻井眼是否符合设计要求。

三、注意事项

① 采用原油泡油时，应注明原油产地，尽量采用本地原油。

② 准确掌握井下钻具变更情况，认真填写钻具变更记录。

四、任务考核

（一）收集断钻具及其打捞资料

1. 考核要求

① 如违章操作，将停止考核。

② 考核方式：本项目为实际操作任务，考核过程按评分标准及操作过程进行。

2. 评分标准（表 2-17）

表 2-17 收集断钻具及其打捞资料评分标准

序号	考核内容	考核要求	评分标准	配分	得分
1	收集断钻具资料	简述时要包括断钻具时的井深、井底层位、钻头位置、鱼顶深度、落井钻具结构及总长	简述内容不全，少一项扣5分，错一处扣2分	30	
2		要分析发生事故的原因	事故未分析扣15分	15	
3	收集打捞资料	要简述记录打捞资料的各项基本数据，包括工具名称、尺寸、长度及井下所下钻具的结构和长度	内容不全，少一项扣3分，错一处扣2分	15	
4		要会计算鱼顶入方入、造扣方入、造完扣的方入，简述时不得漏失该项	计算错，一项扣5分；简述内容不全，少一项扣2分	20	
5		要简述记录打捞过程及结果	少一项扣5分	10	
6	安全生产	按规定穿戴劳保用品	少该项内容扣10分	10	
			合计	100	
备注	时间为30min，以简述或笔试方式进行考试。若有此类井可现场考试		考评员签字： 年 月 日		

3. 工具、材料、设备（表 2-18）

表 2-18 收集断钻具及其打捞资料工具、材料、设备表

序号	名称	规格	单位	数量	备注
1	答题纸		张	若干	重点计算各类放入
2	钢笔		支	1	
3	计算器		个	1	
4	资料室		间	1	模拟1口打捞井的各项数据

（二）收集卡钻资料

1. 考核要求

① 如违章操作，将停止考核。

② 考核方式：本项目为实际操作任务，考核过程按评分标准及操作过程进行。

2. 评分标准（表 2-19）

表 2-19 收集卡钻资料评分标准

序号	考核内容	考核要求	评分标准	配分	得分
1	卡钻及钻具变化	要求记录卡钻的时间、井底深度、井底层位、钻头位置及钻头所在的层位、钻具结构、钻具长度	简述内容不全，少一项扣2分，错一项扣1分	15	
2	钻井液性能变化	要记录钻井液性能变化情况，重点记录密度、黏度变化情况	简述不全，少一项扣2分，错一项扣1分	6	
3	范围及压力变化	要记录卡钻时钻具上提下放的活动范围、钻具伸长和指重表变化情况	简述不全，少一项扣3分，错一项扣1分	12	
4	计算卡点	要会计算卡点井深	不会计算扣15分，计算错扣10分	15	
5	确定层位及岩性	要会根据岩屑剖面或测井资料查明卡点层位、岩性	简述不全，少一项扣4分；层位、岩性确定错各扣3分	17	
6	分析原因	会分析卡钻原因及类型，能够提出解卡意见	分析错扣5分，不能确定原因，提出相应意见各扣5分	15	
7	处理结果	要记录处理方法、过程及结果	简述不全，少一项扣5分	15	
8	安全生产	按规定穿戴劳保用品	少该项内容扣5分	5	
备注	时间20min。以简述或笔试方式进行考试。若有此类井可现场考试			合计	100
			考评员签字： 年 月 日		

3. 工具、材料、设备（表 2-20）

表 2-20 收集卡钻资料工具、材料、设备

序号	名称	规格	单位	数量	备注
1	答题纸		张	若干	模拟1口卡钻井的数据
2	钢笔		支	1	
3	计算器		个	1	
4	资料室		间	1	重点考核卡点计算及简述内容的正确性

（三）收集泡油资料

1. 考核要求

① 如违章操作，将停止考核。

② 考核方式：本项目为实际操作任务，考核过程按评分标准及操作过程进行。

2. 评分标准（表2-21）

表2-21 收集泡油资料评分标准

序号	考核内容	考核要求	考核标准	配分	得分
1	记录泡油情况	要简述记录泡油情况的各项内容。应包括泡油种类、数量、产地、泡油井段、泡油方式、泡油时间，不得少项	简述内容不全，少一项扣8分，错一处扣2分。	50	
2	替入钻井液情况	要简述记录替入钻井液种类、数量、处理过程及结果，不得漏失该项	简述内容不全，少一项扣8分，错一处扣10分	40	
3	安全生产	按规定穿戴劳保用品	少该项内容扣10分	10	
备注	时间为20min。以简述或笔试方式进行考试。若有此类井可现场考试		合计	100	
			考评员签字： 年 月 日		

3. 工具、材料、设备（表2-22）

表2-22 评分标准工具、材料、设备

序号	名称	规格	单位	数量	备注
1	答题纸		张	若干	
2	钢笔		支	1	
3	资料室		间	1	若有此类井可现场考试

五、相关知识

（一）常见工程事故处理方法

1. 钻具事故

(1) 卡瓦打捞筒打捞

卡瓦打捞筒是从"落鱼"外部进行套捞。其方法是：当鱼头被引入打捞筒后，施以一轴向压力，使落鱼进入卡瓦；随着落鱼的套入，卡瓦上行并胀大，上提钻柱，落鱼被抓得更紧；释放落鱼时，卡瓦放松，顺时针旋转钻具，捞筒可从落鱼上退出。

(2) 倒扣捞矛打捞

该工具是从管内进行打捞。其方法是：当倒扣捞矛进入落鱼水眼内时，分瓣卡瓦被压下，内锥面与矛杆锥面相贴合；卡瓦的抓捞部分外径略大于落鱼内径。上提时，矛杆锥面撑紧卡瓦，即可抓住落鱼；退扣时，下放矛杆，使卡瓦相对处于最高位置，再右旋90°，工具处于释放状态。

(3) 公、母锥打捞

打捞时将公锥插入落鱼水眼内，然后加压旋转造扣，达到打捞目的。母锥是从落鱼的外部来造扣进行打捞的。

2. 落物事故处理

(1) 反循环强磁打捞篮打捞

利用钻井液液流在靠近井底处的局部反循环，用强磁芯将井下碎物吸入打捞篮内而捞出的一种打捞方法。

(2) 随钻打捞杯打捞

钻井液在杯口处流速陡然下降，形成漩涡，使钻井液中的碎物落入杯内而被捞出。

(3) 磁力打捞器打捞

3. 卡钻原因和处理方法

卡钻是指在钻井过程中，因地层条件复杂、钻井液性能不好或措施不当等原因，使钻具陷在井内不能自由活动的现象。

(1) 卡钻种类及原因

① 泥饼黏附卡钻。钻进过程中，当液柱压力大于地层压力时，会对钻柱产生横向推力，使其紧贴井壁，长时间与泥饼接触，发生黏卡，称为泥饼黏附卡钻。

② 砂桥卡钻。当钻井液性能不好或停泵时间过长，岩屑在缩径处或钻头部位下沉聚集，造成卡钻称为砂桥卡钻。

③ 沉砂卡钻。由于钻井液悬浮能力差，停泵后，岩屑下沉堵塞环空，埋住钻具的现象称为沉砂卡钻。

④ 井塌卡钻。由于钻井液性能不好，地层浸泡后变软、剥落入井造成的卡钻称为井塌卡钻。

⑤ 缩径卡钻。在膨胀性地层或孔隙性良好的井段，由于井径缩小，使钻具受到黏卡的现象称为缩径卡钻。

⑥ 键槽卡钻。起下钻时，钻具在井眼全角变化率较大处产生一条细槽而形成的卡钻现象称为键槽卡钻。

⑦ 泥包卡钻。当钻头被泥包裹后，起钻到井眼较小处而发生的卡钻现象称为泥包卡钻。

(2) 卡钻的处理方法

① 浴井解卡法。通过泡油、碱水、酸、清水循环处理。

② 上下震击解卡法。

③ 倒扣和套铣法。泡油处理无效时，一般就要采用倒扣和套铣方法处理。倒扣和套铣时要特别加强钻具管理。

④ 爆炸倒扣法。当卡点位置比较深，其他解卡措施无效时，常被迫采用井下爆炸法。井下爆炸时，应记录预定爆炸位置、实际爆炸位置和井下遗留钻具长度。

⑤ 爆炸或侧钻新井眼。爆炸结束，打水泥塞侧钻时，还应收集有关的资料数据。

(二) 工程事故处理中有关数据的计算

1. 打捞钻具时方入的计算

(1) 鱼顶方入的计算

$$鱼顶方入 = 鱼顶井深 - 鱼顶以上钻具总长 (m) \tag{2-15}$$

$$鱼头井深 = 钻头所在井深 - 钻具落鱼长度 (m) \tag{2-16}$$

(2) 造扣方入的计算

$$造扣方入 = 鱼顶方入 + 打捞工具(公锥或母锥)进入造扣部位长度 (m) \tag{2-17}$$

(3) 倒扣方入的计算

$$倒扣方入 = 造扣方入 + 造扣长度 (m) \tag{2-18}$$

(4) 套铣方入的计算

$$到底方入 = 鱼顶井深 - 套铣钻具总长 (m) \tag{2-19}$$

$$\text{套铣方入} = (\text{套铣钻具总长} + \text{套铣长度}) - \text{鱼顶井深}(\text{m}) \tag{2-20}$$
$$\text{套铣造扣方入} = (\text{套铣钻具总长} + \text{允许套铣长度}) - \text{鱼顶井深}(\text{m}) \tag{2-21}$$

2. 卡点的计算公式

$$H = 0.98kL/F \tag{2-22}$$
$$k = 21S \tag{2-23}$$

式中　H——卡点的深度，m；
　　　k——系数；
　　　S——管体截面积，cm^2；
　　　L——钻具平均伸长量，cm；
　　　F——上提钻具的平均拉力，kN。

3. 泡油量计算公式

$$Q = V_1 + V_2 = \frac{\pi(R^2 - D^2)HK}{4} + d^2h\pi/4 \tag{2-24}$$

式中　Q——泡油量，m^3；
　　　V_1——管外泡油量，m^3；
　　　V_2——管内留油量，m^3；
　　　R——井眼直径，m；
　　　D——钻具外径，m；
　　　H——管外所需油柱高度，m；
　　　h——管内油柱高度，m；
　　　d——钻具内径，m；
　　　K——环形空间容积系数，一般为 1.2~1.5。

（三）工程事故常用术语

1. 顿钻

指起下钻时，因钻具失去控制，直接冲向井底的现象。

2. 跳钻、蹩钻

① 跳钻：指钻头钻遇硬地层时的回压使钻具产生跳动的现象。跳钻易损坏钻具，产生井斜。

② 蹩钻：指钻进中，钻头接触面反作用力不均匀，使钻头转动时产生蹩跳现象。

3. 井下落物

掉入井下的钻具及其他工具。

4. 落鱼及鱼顶

掉落下井的钻具称为落鱼。落鱼的最上端称为鱼顶。

5. 侧钻

根据地质设计要求或钻井过程中的事故情况，在已钻井深上方沿某一方位另开孔钻进，称为侧钻。

6. 井壁垮塌

在胶结疏松的岩层或节理发育的脆性地层，经钻井液浸泡、冲刷，使井壁完整性受到破坏而垮塌的现象，称为井壁垮塌。

学习情境三
岩样的描述

任务一　描述岩屑

一、学习目标
能进行岩屑分层定名、描述及含油级别的划分。

二、任务实施

1. 做分层标记

在分层砂样台上将要描述的岩屑摊开10～20包，去掉明显的掉块，宏观观察岩屑的颜色、岩性变化，做出分层标记。

2. 进行岩屑荧光检查

对岩屑进行荧光湿照、干照、滴照，含油岩屑要及时进行荧光系列对比，同时要区分真假油气显示。

3. 进行含油岩屑滴水试验

观察水珠形态，以便划分含油级别。滴水试验时要挑出含油岩屑一粒或数粒进行分析。

4. 鉴别岩性及其所含矿物

按常见矿物岩性鉴别方法对挑出的真岩屑和矿物进行鉴别。

5. 鉴别胶结物

与冷稀盐酸反应强烈为灰质，反应较弱但与热稀盐酸反应为白云质，不反应但混有泥斑为泥质，不反应、不溶解又很坚硬的为硅质。

6. 用燃烧法区分炭质页岩和油页岩

用镊子夹住含有机质的岩屑，置于酒精灯火焰上观察燃烧情况，然后移开闻其气味，仅发红不燃烧但有煤味的为炭质页岩，进一步判别是碳氢化合物还是煤或是其他可燃物；燃烧有火苗，并有油气味的为油页岩。

7. 进行岩屑描述及填写记录

① 编号：按分层次序逐层编号。

② 井深：填写分层的顶、底界深度（单位为m），以钻具井深为准。

③ 目估含油岩屑占岩屑和同类岩屑的百分含量，用百分数表示，保留整数。

④ 岩性定名：采用颜色＋含油级别＋含有物＋岩性的定名原则。定名时要概括和综合

岩石的基本特征，如颜色、含油级别、结构、构造、特殊含有物、特殊矿物、胶结物、化石、岩性等。

⑤ 描述内容包括颜色、岩石名称、矿物成分、结构、构造、胶结物及胶结程度、岩石的粒度、颗粒形状、分选、加酸反应、含油级别、特殊含有物等。

三、注意事项

① 描述人必须保持标准统一，内容连贯，术语一致，每口井的描述必须有专人负责。如果中途换人，二人必须共同描述一段时间，以便统一标准，统一认识，尽量避免描述混乱。

② 描述人员必须熟悉区域地质资料及邻井实钻剖面，做到心中有数。描述岩屑时，应选择光线较好的地方，便于颜色的确定。对于含轻质油岩屑，由于其挥发快，应及时描述，同时还应参考小班的湿照荧光记录。

③ 每次摊开的岩屑，待描完后，应留下最后的3～4包，以便下次连续观察，对比分层描述。岩屑描述时应跟上钻头所钻的层位，要注意区分水泥碎块和灰岩。

④ 岩屑描述同时，应按设计要求选出化验分析样品及制作实物剖面用的岩样。当岩性识别不准、层位不清时，必须挑样送化验室鉴定。

⑤ 岩屑描述时必须综合考虑钻时、气测、钻井液及井口、槽池、振动筛前的显示资料，以及工程事故情况。

⑥ 使用钻时资料时，应注意钻头类型及新旧程度、钻井液性能、排量变化等因素的影响。分层井深与对应钻时井深误差不大于两个取样间距。

⑦ 岩屑中油砂较少时，应慎重。若是第一次出现，可参考钻时定层；若前面已出现过，则应综合分析，再决定是否定层。要求油气显示发现率达到100%，不能漏掉厚度大于0.5m的特殊岩性层。

⑧ 油气显示层、标准层、特殊岩性层描述后要挑出实物样品，用纸包好，放在岩屑中，供挑样和复查时参考。

⑨ 中途电测或完井电测后，应及时校正岩性，发现岩电关系不符时，必须及时复查岩屑，并将复查结果记录在复查栏中。

四、任务考核

1. 考核要求

① 如违章操作，将停止考核。
② 考核方式：本项目为实际操作任务，考核过程按评分标准及操作过程进行。

2. 配分、评分标准（表3-1）

表3-1　描述岩屑评分标准

序号	考核内容	考核要求	评分标准	配分	得分
1	岩屑分层	要掌握岩屑分层原则，描述时要大段摊开，宏观观察岩屑的颜色、岩性，做出分层记号	岩屑分层有误，每层扣3分	15	
2	岩屑荧光检查	要会进行荧光湿照、干照、滴照及系列对比，掌握各类操作规范，不得漏显示，确保定级准确无误	漏油气显示扣15分；荧光检查操作有误或定级不准确每层扣3分	15	
3	含油岩屑滴水试验	要掌握滴水试验的方法原则，会正确操作，要选择有代表性的岩屑进行滴水试验，不得颗颗都滴	不会操作扣5分	5	

续表

序号	考核内容	考核要求	评分标准	配分	得分
4	岩性及矿物鉴别	要掌握各类岩性、矿物鉴别方法标准,正确进行鉴别,要能够区分煤和沥青	不会操作扣5分	5	
5	胶结物鉴别	正确区分泥质、硅质、白云质等常见胶结物	不会操作扣5分,判断错每层扣1分	5	
6	填写岩屑描述记录	要按分层次序逐层编号,正确填写分层的顶、底界深度	编号有误扣5分,井深填写有误扣5分	10	
7		会正确估计含油岩屑占岩屑和同类岩屑的百分含量,能够区别两个百分比的关系	含量估计错每层扣2分	10	
8		要按定名原则进行正确定名,前后顺序不得错乱	定名不准确每层扣2分	10	
9		要掌握描述的具体内容,按照规范进行详细描述,不得漏描	描述不全每层扣5分	25	
			合计	100	
备注	时间为60min。提供20包以上含油气显示的岩屑。要求描述5层		考评员签字: 　　年　月　日		

3. 工具、材料、设备(表3-2)

表3-2 描述岩屑工具、材料、设备表

序号	名称	规格	单位	数量	备注
1	放大镜		个	1	
2	镊子		把	1	
3	滴瓶		支	若干	
4	试管、试管架		套	若干	同标准系列所用试管
5	标准系列		套	1	
6	荧光灯		台	1	
7	酒精灯		盏	若干	
8	盐酸溶液	质量分数为5%	瓶	1	
9	氯仿或四氯化碳溶剂		瓶	1	
10	小塑料袋		个	若干	
11	试管标签		份	若干	
12	滤纸		张	若干	
13	荧光检验记录		张	若干	
14	岩屑描述记录		张	若干	

五、相关知识

(一)岩矿肉眼鉴定知识

1. 常见造岩矿物的肉眼鉴定

矿物肉眼鉴定主要根据其物理性质进行,所以要逐一观察测试矿物标本的物理性质,如颜色、条痕、形状、硬度、解理等;然后再对照各种矿物的特性进行鉴定。如果仍无法鉴定,可借用化学试验确定。常见造岩矿物鉴定特征见表3-3。

表 3-3 常见造岩矿物特征鉴定表

矿物名称	形状	颜色	条痕	光泽	透明度	硬度	解理	断口	密度/(g·cm^{-3})	其他
石墨	片状、鳞片状	铁黑	黑	金属	不透明	1	一组极完全	—	2.09~2.23	具滑感,易污手,熔点高,抗腐蚀
金刚石	粒状、八面体、菱形、十二面体	无色	—	金刚	透明	10	—	—	3.5	具荧光性
自然硫	块状、土状	黄色	浅黄白色	油脂	不透明	2	无		2	有硫臭味,易溶,易燃
黄铁矿	立方体、粒状、结核状	浅黄铜色	绿黑	金属	不透明	6~6.5	无	参差状	5	沉积岩中呈结核状、细粒分散状
黄铜矿	致密块状	铜黄色	绿黑	金属	不透明	3~4	无	参差状	4.1~4.3	
白铁矿	板状、鸡冠状	浅黄铜色	暗灰绿	金属	不透明	5~6	一组不完全		4.6~4.9	
萤石	立方体、双晶	黄、绿、紫	白	玻璃	透明	4	不完全	贝壳参差	2.2~3.1	具荧光性
石盐	立方晶体呈粒状、块状	无色、白色	白	玻璃	透明~半透明	2	完全	—	2.1~2.2	易溶于水,味咸,烧之呈黄色
钾盐	立方体	无色	白	玻璃	透明	2~2.4	三组完全		1.97~1.99	味苦,烧之呈紫色
磁铁矿	八面体、块状、粒状	铁黑	黑	金属	不透明	5.5~66	无	—	4.9~5.2	具强磁性
赤铁矿	鲕、肾、块状	铁黑、铁红	樱红	半金属	不透明	5.5~6		参差状	5~5.3	
褐铁矿	肾、钟乳、块状	黄褐、褐色	褐	半金属土状	不透明	1~4			3.3~4	沉积岩中常见土状、结核状
石英	柱状、粒状	乳白、无色	—	玻璃油脂	不透明	7	无	贝壳状	2.65	柱面有横纹
玉髓	隐晶质块状	灰白、黄、棕	—	油脂	不透明	6~7	无	平坦	2.6	
蛋白石	致密、钟乳	白色	—	玻璃	半透明	5~5.6		贝壳状	2.1	
铝土矿	鲕、土豆状	灰白、灰褐	浅色		不透明	变化大	无			具吸水性,黏舌滑感
石膏	板状、纤维状	白	白	玻璃丝绢	透明、半透明	2	一组极完全		2.3	与盐酸不起反应
硬石膏	厚板状、柱状、粒状	白、浅红	白	玻璃	半透明	3~3.4	一组完全、两组中等		2.9	与盐酸不起反应
芒硝	柱状、针状	无色、白色	白	玻璃	半透明	1.5~2	一组完全	贝壳状	1.49	微苦,易溶于水
磷灰石	柱状、粒状	灰白、蓝绿黄	白	玻璃	—	5	不完全	贝壳状、参差状	3.2	火烧发绿光

续表

矿物名称	形状	颜色	条痕	光泽	透明度	硬度	解理	断口	密度/(g·cm⁻³)	其他
橄榄石	粒状、块状	橄榄绿、黄绿	无	玻璃	不透明	6.5~7	不完全	贝壳状	3.3~4	风化后呈掠色
斜长石	柱状、板状	灰白、白色	无	玻璃	半透明~不透明	6	两组完全	贝壳状	2.6~2.8	具聚片双晶
正长石	短柱状、板状	白色、肉红色	无	玻璃	半透明	6	一组完全，一组中等	—	2.57	具卡氏双晶
绿泥石	片状、细鳞片状	绿	无	玻璃、珍珠	不透明	2~2.5	一组极完全	—	2.8	有滑感，薄片具挠性，无弹性
白云母	片状、鳞片状	白或无	无	玻璃	透明	2.5~3	一组完全	—	—	薄片具弹性
黑云母	片状、鳞片状	黑或棕黑	无	玻璃	透明~半透明	2~3	一组极完全	—	2.8~3.2	薄片具弹性
海绿石	圆粒状、土状	暗绿、黄绿	绿	土状、玻璃	半透明~不透明	2~3	不完全	—	2.6	浅海相标志矿物
方解石	块状、钟乳状	无、白及各种色	白	玻璃	透明~半透明	3	三组完全	—	2.6~2.8	与冷盐酸反应产生强烈气泡
文石	柱状、粒状	无、白	白	玻璃、油脂	半透明	3.5~4	不完全	—	2.94	与冷盐酸反应产生强烈气泡
白云石	粒状、块状	灰白、浅黄	白	玻璃	半透明~不透明	3.5~4	三组完全	—	2.8~2.9	与冷盐酸反应起泡微弱
菱镁矿	粒状、集合状	无、白	—	玻璃	半透明~不透明	4	完全	—	3	与热盐酸反应产生气泡
菱铁矿	土状、结核状、致密状	黄褐	近白色	玻璃、无	不透明	3.5~4	三组完全	贝壳状、参差状	3.7~3.9	与冷盐酸反应起泡缓慢，火烧后具磁性
电气石	粒状、柱状、针状	黑、红	—	玻璃	—	7~7.5	无	—	2.9~3.5	柱面有纵纹，具热电性及压电性

2. 岩浆岩、变质岩和沉积岩的主要区别

① 观察岩石的裸露形状和层理。岩石的成层性及层理构造为沉积岩的典型特征，脉体为岩浆岩的主要特征。

② 观察岩石的结构。沉积碎屑岩是由颗粒和胶结物两部分组成的，颗粒有磨圆现象，胶结物多为泥质和粉砂，一般较疏松，碾碎后，胶结物和颗粒明显分离。而岩浆岩是高温岩浆冷凝而成的，其结构表现为颗粒自身及相互之间的关系，没有胶结物，岩石致密、坚硬，碾碎后表现为矿物自身的破碎。

③ 观察岩石是否含有化石。沉积岩含化石，岩浆岩不含化石。

④ 区分正、负变质岩。正变质岩具火成岩的特征；负变质岩具沉积岩的特征。岩浆岩、变质岩和沉积岩的区别特征见表3-4。

表 3-4 岩浆岩、变质岩和沉积岩特征表

岩浆岩	变质岩	沉积岩
①大部分岩浆岩为块状的结晶岩石 ②岩石中有特有的矿物，如霞石、石榴石；也有特有的气孔、杏仁、流纹等构造 ③无层理，一般与围岩有明显界线。常含有围岩的碎块"捕房体" ④不含任何生物化石	①变质岩由先期形成的岩浆岩、沉积岩、变质岩经变质作用所产生的，其化学成分具继承性 ②常见特征变质矿物，如红柱石、蓝晶石、十字石、透闪石等 ③常见变质岩特有的变晶结构、压碎结构、交代结构和变余结构 ④常见矿物定向排列的变成构造，如板状构造、千枚状构造、片状构造、片麻状构造	①沉积岩是在地表条件下，母岩的风化产物经介质搬运、沉积、成岩作用而形成，所以具有典型的层理特征 ②富含有机质，含有生物遗迹化石 ③碎屑颗粒具磨圆特征，主要矿物为浅色石英、长石 ④有在湖泊、海洋环境下形成的碳酸盐岩，如石灰岩、白云岩等

3. 常见碎屑岩的鉴别

根据碎屑颗粒的颜色、粒度、胶结物的成分，颗粒的分选性、磨圆度、层理等情况进行分类，常见的沉积碎屑岩特征见表 3-5。

表 3-5 常见碎屑岩鉴定特征表

岩石名称	颜色	碎屑成分及含量	结构					构造特征
			粒度/mm	分选	圆度	胶结类型	胶结物	
砾岩	灰色、紫红色	火成岩、变质岩、沉积岩等，含量>50%	>1	差	棱角～圆状	杂基、基底、孔隙式	泥质、灰质等	大型斜层理、递变层理、块状构造等
石英砂岩	灰白色、浅红色、浅绿、浅黄	石英含量>75%，长石、岩块<25%	0.1～0.25	好～中等	次圆～圆状	基底、孔隙式	硅质、铁质、泥质等	大型斜层理、交错层理、波痕
长石砂岩	肉红色、灰色、灰白色	长石含量>25%，石英含量<75%，岩块含量<25%	0.25～0.5	差～好	棱角～圆状	基底、孔隙式	硅质、铁质、泥质、云质等	斜层理、交错层理
硬砂	浅灰、灰绿、灰黑色	岩块含量>25%，长石含量<25%或石英含量<75%，长石含量>25%	0.25～0.5	差	棱角状	基底、孔隙式	硅质、泥质、灰质等	块状、斜层理、交错层理等

4. 常见黏土岩的鉴别

① 黏土岩的结构。黏土岩主要为黏土、矿物及粉砂、鲕粒、生物碎屑等泥级微粒组成的岩石，其矿物成分肉眼无法识别，现场鉴定时以结构为主，兼顾构造和颜色。

ⅰ. 黏土结构。黏土含量>95%，用牙咬或手捻，无砂感。用小刀切后，切面光滑，常为贝壳状或鳞片状。

ⅱ. 含砂质黏土结构（砂含量为10%～25%）及砂质黏土结构（砂含量为25%～50%）。用牙咬或手捻，有明显的颗粒感。用小刀切后，切面粗糙。

ⅲ. 鲕粒及豆状黏土结构。鲕粒及豆粒是由黏土物质组成的。鲕粒具有核心和同心层结构，而豆粒常无核心。

ⅳ. 含生物黏土结构。生物碎屑含量在10%～25%之间。

ⅴ. 斑状黏土结构。在细小的黏土基质中有较大的黏土矿物晶体。

② 黏土岩的构造。如层理、层面特征、水底滑动构造、团块构造、搅混构造、揉皱构造等。

③ 黏土岩的颜色。成分单一的高岭土黏土岩、水云母黏土岩、蒙脱石黏土岩多为白色、浅灰或浅黄色；含海绿石、绿泥石成分的黏土岩呈现不同程度的绿色；含 Fe^{3+} 的氧化物和氢氧化物的黏土岩多呈红色、紫褐色；含 Fe^{2+} 的化合物的黏土岩多呈黑灰或灰绿色；含有机质的黏土岩多呈黑色或深褐色，有机质含量越高，颜色越深。

④ 在黏土岩新鲜面上滴盐酸，鉴别是否含灰质；用火烧鉴别有机质含量情况。

⑤ 根据黏土岩的结构、构造及颜色情况进行定名。常见黏土岩鉴别特征见表3-6。

表3-6 常见黏土岩鉴别特征

岩石名称	颜色	矿物成分	结构	构造
高岭土黏土岩	浅灰、灰白	高岭石含量＞90%，其他为水云母、黄铁矿、菱铁矿、长石、石英	黏土质结构、残余结构、斑状结构、碎屑结构、鲕粒结构	块状、土状
伊利石黏土岩	黄、灰黄、紫红	水云母为主，次为长石、石英、云母、有机质等	多呈粉砂质、黏土质结构	水平层理
蒙脱石黏土岩	粉红、白色、淡黄、淡绿	蒙脱石为主，次为水云母、长石、石英、方解石	泥质结构、含砂质结构	块状、土状
炭质页岩	深灰、黑色	水云母为主，次为灰质、硅质、有机质，少量石英、长石	泥质结构、含砂质结构	页状构造、层面构造
泥岩	浅灰、灰、灰褐、紫红、深灰、棕红、灰绿	水云母为主，次为灰质、硅质、有机质、砂质等	黏土质结构、含砂质结构	水平层理、页状构造
油页岩	棕褐、灰褐	水云母、粉砂、含油、含灰质	黏土质结构、含砂质结构、斑状变晶结构	页理、纹理发育

5. 几种常见岩性的鉴别特征

① 石灰岩。成分为碳酸钙，滴稀盐酸起泡强烈，质纯者可全部溶解。性脆，中等硬度，断口平坦，表面清洁。

② 白云岩。成分为碳酸镁，滴冷稀盐酸无反应或反应微弱，加热后起泡强烈。性脆，中等硬度，表面清洁。

③ 生物灰岩。成分为碳酸钙，滴稀盐酸起泡强烈。岩石表面可见到生物碎屑。

④ 铝土岩。多为绿灰色、紫红色、灰色，具滑腻感，属铝土硅酸岩类。滴稀盐酸无反应，常见于石炭系底部，是进入奥陶纪的标志。

⑤ 玄武岩。是一种基性火山喷发岩，常见黑绿色或灰黑色，成分以斜长石为主。致密坚硬，与盐酸不反应，岩屑多为粒状或块状。

⑥ 花岗岩。是一种酸性深成侵入岩，性坚硬，主要成分为石英、长石及云母。多见粉红色间黑色、灰白色，与稀盐酸不反应。

⑦ 凝灰岩。是一种火山喷发岩，主要由火山喷发玻璃碎屑沉积而成。表面粗糙，由黑色及白色矿物组成，凝灰质结构，性坚硬，与稀盐酸不反应，断口为土状且粗糙。

⑧ 安山岩。属火山喷发岩，具气孔和杏仁状构造。成分以斜长石、角闪石为主，性坚硬。

⑨ 碳酸盐岩及蒸发岩类现场鉴定特征。蒸发岩类主要是指硬石膏、石膏、盐岩、芒硝及其他氯化物、硫酸盐等。鉴别时应注意其本身的特征变化，同时结合钻井液性能变化及其他简易化学分析进行鉴别。现场简易鉴定方法见表3-7。

表 3-7 碳酸盐岩及蒸发岩类现场简易鉴定方法表

岩石定名/区分方法	灰岩	白云质灰岩	白云岩	灰质白云岩	硅质灰岩	硅质白云岩	硬石膏	泥灰岩	灰质泥岩	白云质泥岩	灰质砂岩	白云质砂岩
岩石成分/%	方解石>75	方解石50~75，白云石25~50	白云石>75	白云石50~75，方解石25~50	方解石50~75，硅质25~50	白云石50~75，硅质25~50	碳酸钙>75	灰质50~75，泥质25~50	泥质50~75，灰质25~50	泥质50~75，白云质25~50	砂粒50~75，灰质25~50	砂粒50~75，白云质25~50
与5%~10%稀盐酸作用	立即强烈起泡，作用时间长，可听到响声，岩石能轻微跳动	很快起泡，作用时间长，响声较小，上气泡呈申球状冒出，只有轻微跳动	很弱很慢，仅在放大镜下可见表面起小泡，岩屑开始反应弱，后渐快，有气泡冒出	微泡，掌旁近耳可听到声音，反应微弱也不跳	微弱起泡	不起泡	不起泡	立即起泡，泡径大，作用时间短，过量酸后见残余泥团	立即起泡，泡径大，作用时间短，过量酸后呈泥团	不起泡	起泡较烈，作用时间短，过量酸后见残余砂岩	不起泡
与热盐酸作用	立即强烈起泡且大于上者	立即强烈起泡，泡径稍小	立即起大量气泡	立即起泡，泡较大	起泡较大，但不强烈	起泡小、弱	不起泡	立即强烈起泡，泡径大，表面呈泥垢	立即强烈起泡，泡径大	微弱起泡，小泡作用时间短	起泡较烈，作用时间短	微弱起泡，小泡作用时间短
肉眼观察主要特征	岩石越纯，岩盐酸作用后，洗岩石表面和溶液越清洁	同左	断面平直，越脆，硬度为3~4级，小刀可刻动	较白云岩、灰岩硬，断口较平或似贝壳状	同左	较白云岩、灰岩软，硬度较基质粉末反应，遇氯化钡生成硫酸钡白色沉淀	比灰岩、白云岩软，热盐酸与基质粉末反应，遇氯化钡生成硫酸钡白色沉淀	较软，易碎，断口较平贝壳状，酸作用后岩石表面呈树枝状	同左	同左	较硬，断口较粗糙，与盐酸作用后岩石表面及溶液清洁	同左
染色	遇茜红素染色		遇茜红素不显红色									

(二) 古生物肉眼鉴定知识

1. 基本概念

古生物学是研究地质历史期间生物界及其演变规律的科学。古生物分为古动物和古植物两大类，研究对象是化石。

化石是保存于地层中的古生物遗体或遗迹。化石得以保存需要具备一定条件。

① 生物要有硬体。

② 遗体必须有迅速掩埋的条件。

③ 要经历石化作用或碳化作用。

标准化石。指在一个地层单位中特有的生物化石，这些化石具有存在时间短、演化快、数量丰富、保存条件较好等特点，可作为地层划分对比的依据。

微古化石。指只能在显微镜下放大几十倍甚至几百倍才能观察到的个体微小的化石。其直径多为 0.01～0.1mm。常见的微古化石包括：有孔虫、介形虫、叶支介、牙形石、层孔虫、藻类等。

2. 岩矿、古生物的分析内容

① 岩矿分析主要用于确定岩石的矿物组成，碎屑颗粒的大小、分选、磨圆情况，基质含量及成分，胶结类型、孔隙及裂缝发育情况等。

② 古生物分析主要用于确定古生物的种类、种属、数量及生物生存环境等。

3. 岩矿、古生物分析的作用

① 岩矿分析。确定岩石类型、岩石形成时的环境、岩石形成时的物理化学条件、储集性能，进行地层对比等。

② 古生物分析。确定地层时代，进行地层对比，确定古地理环境和古气候特征，确定油气源岩的成熟度和转化率等。

任务二 描述岩心

一、学习目标

① 能对岩心进行正确描述。

② 能够采集岩心样品。

③ 能够进行岩心含油、含气、含水试验。

二、任务实施

(一) 描述碎屑岩岩心

1. 检查岩心

① 检查岩心的编号、长度记号是否齐全完好，岩心卡片数据是否齐全准确，岩心上下顺序有无颠倒，茬口是否对好，若有问题，应查明原因。

② 判断整筒岩心放置是否颠倒。若整筒岩心被颠倒，应根据该筒岩心顶底特征再颠倒过来。通常一筒岩心的顶头较圆，俗称"和尚头"，有套入岩心筒的台阶或钻头齿痕。岩心底头有岩心爪痕及拔断面或磨损面。

③ 判断各块岩心位置是否正确。若岩心位置放错，则应根据岩心断裂口及磨损面的特征及岩性、条带、结核、团块、特殊含有物、层理类型和岩心柱表面痕迹关系进行复原。

2. 岩心分层

观察岩心的岩性、颜色、结构、构造、含油气、含有物等特征，根据分层原则进行分层。分层原则如下。

① 岩心的岩性、颜色、结构、构造、含油气、含有物等特征不同时，均要单独分层。

② 厚度小于 0.1m 的特殊层，如油气层、化石层及有对比意义的标志层或标准层等均应单独分层描述，绘图时应适当放大。一般岩性厚度大于 0.1m 的岩层，均要单独分层描述；厚度小于 0.1m 的层，作条带或薄夹层处理，不再细分层。

③ 连续取心时，两筒岩心连接处及磨损面上下不到 0.1m 的岩性，也应单独分层描述。

3. 记录分层的岩心编号

岩心编号用代分数表示。用规定符号记录岩心的磨损面、侵蚀面及破碎程度。

4. 检查核实岩心的分段长度和累计长度

累计长度是指本层底界距本筒岩心顶界的长度。本层的分段长度即用本层累计长度减去本层顶界距本筒岩心顶部的长度。若本段岩心有破碎时，应在对应栏注明破碎程度。

5. 记录岩样编号、岩性长度及其距顶位置

岩样用"样品编号$\frac{岩样长度}{距顶位置}$"的方法表示。如 $8\frac{9}{120}$ 中，8 表示样品编号，9 表示样品长度为 9cm，120 表示本层距层顶 120cm。

6. 岩心定名

定名原则同岩屑定名，即：颜色＋含油级别＋含有物＋岩性。

7. 描述岩性

自上而下逐层进行描述。其内容为颜色、岩石成分、结构、构造、胶结物及胶结程度、分选情况、化石及含有物、岩石的理化性质、含油气情况及荧光检测情况、滴水试验及岩心与上下岩层的接触关系等。

8. 填写描述记录首页

将本筒岩心的取心次数、井段、进尺、心长、收获率、所含油气产状等数据填写在描述记录首页上。

（二）采集岩心样品

1. 采集岩心样品

① 将出筒岩心对好茬后，用岩心刀沿同一轴线劈开，一半供选样，一半保存。

② 根据设计取样要求在岩心的一侧统一采样，采集的样品要有代表性。每采完一块样品，立即用玻璃纸包好。对于要做孔、渗、饱分析的样品，录井小队在取心前应通知化验室人员到现场，岩心出心后，立即采样密封，尽快送化验室分析。

③ 记录采样位置及样品长度。取样长度视分析项目而定，一般为 8~10cm。若全段取样，应在相应位置做好明显标记，并注明长度数据。岩样采集样品用"编号$\frac{岩样长度}{距顶位置}$"的代分数方法表示。如 $7\frac{9}{110}$ 中，7 表亦样品编号，9 表示 7 号样品长度为 9cm，110 表示本层距顶 110cm 处取样。

2. 样品封蜡、送样

① 加热石蜡锅，温度达 90℃左右。

② 将需封蜡的岩心用玻璃纸包好，用细绳捆紧后放入石蜡锅中，封蜡厚度为 2~3mm。

③ 填写送样标签，一式两份，一份放在岩样包装纸内，一份保存。

④ 将填好的标签连同样品放在牛皮纸袋内，并在纸袋上写明井号、岩样编号，48h 内送化验室分析，并按要求填写送样通知单。

（三）进行岩心含油、含气、含水试验

1. 岩心含油、含水试验

(1) 洁净试验

将试验滤纸做洁净试验。

(2) 浸水试验

岩心放入预先准备的清水中，观察有无油花漂浮水面，若有为含油显示。

(3) 滴水试验

用滴管取一滴清水，滴在岩心新鲜断面较为平整的地方，观察水滴的渗入情况，判断岩心含油、含水显示情况。滴水渗入速度越慢，其含油性越好，反之越差。如图 3-1 所示。

① 一级：立即渗入，证明该层含水较多，为水层或含油水层显示。

② 二级：水滴呈膜状，10min 内渗入，为油水同层显示。

③ 三级：10min 内水滴呈凸镜状，浸润角小于 60°，为油水层显示。

④ 四级：10min 内水滴呈半球状，浸润角在 60°~90°之间，为含水油层显示。

⑤ 五级：10min 内水滴不渗，呈圆珠状，浸润角大于 90°，为油层显示。

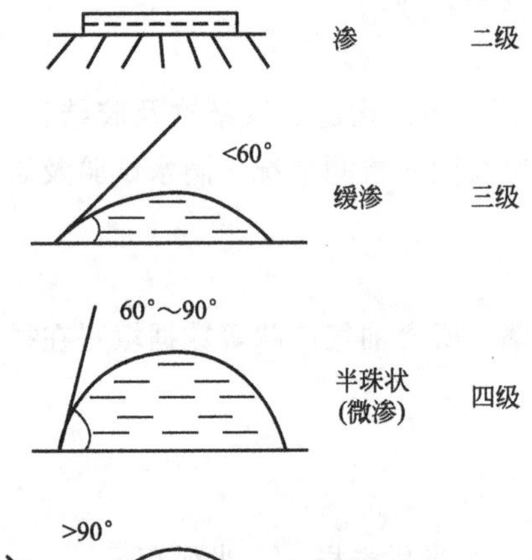

(4) 四氯化碳试验

将岩样捣碎，放入干净试管中加入两倍于岩样体积的四氯化碳，摇晃浸泡 10min，溶液变为淡黄、棕黄或棕褐、黄褐等色时，证明岩样含油；若溶液未变色，可将溶液倾倒在洁净的滤纸上，待挥发后用荧光灯进行照射，观察滤纸上的颜色、产状，并做详细记录。

(5) 丙酮试验

将岩样粉碎放入干净试管中，加入两倍于岩样体积的丙酮溶液，摇晃均匀。再加入同体积的蒸馏水。含油时溶液变为混浊，无油时则溶液透明。

(6) 沉降试验

选取岩心核部样品 1g，碾成散粒，放入干净试管中并加入 5mL 氯仿（或四氯化碳）进行摇晃，用拇指按住试管口，来回颠倒，观察试管内颗粒沉降时的形状。岩石颗粒呈散砂状者为含油显示，呈凝块状者为含水显示。

图 3-1 滴水级别的划分

(7) 荧光检查

将岩心放在荧光灯下分别进行直照和滴照，观察是否有含油显示。同时，还可进行系列对比或采用毛细分析法进行分析。

(8) 油-酸反应试验

取岩心剖开面中心部位约 0.5~2mm 直径的岩样 2g，浸没在装有 1~2mL 稀盐酸的试管中，观察岩块上下浮动程度、气泡大小及有无彩虹色等，有则为含油气。

(9) 镜下观察

岩心劈开后首先观察有无油水渗出、钻井液侵入环的颜色及侵入宽度；再选取岩心核部有代表性、断面平整的小块样品，在双目显微镜下观察岩石颗粒表面有无油膜及油水分布情况，并观察粒度变化对水洗程度的影响。

(10) 直接观察

直接观察岩心剖开新鲜面的湿润程度（重点观察岩心中心部位）。

① 水外渗，未见油的痕迹，说明仅有可动水，为水层特征。

② 见油迹、油斑，但岩石湿润感重，为含油水层特征。

③ 略有潮湿感，但油染手，为油水同层特征。

④ 见原油外渗，无水湿感，为油层特征。

(11) 结果整理

详细记录含油、水试验结果，并填写在记录纸上。

2. 岩心含气试验

(1) 观察气泡

岩心出筒后，应立即观察岩心上附着的钻井液是否有气泡，若有，用棉纱迅速擦净岩心，标出显示层位。

(2) 做浸水试验

将岩心放入预先准备的清水中，清水淹没岩心 2cm，观察气泡冒出情况。记录气泡大小、部位、连续性、持续时间、声响程度、与缝洞的关系、有无 H_2S 味等，冒气的地方用醒目色笔圈起来。如能取气样，则要用计管抽汲法或排水取气法取样。

(3) 塑料袋密封试验

取岩心中心部位的岩样 1 块（20～30cm³），装入透明塑料袋内密封，置烈日或 45～55℃下 30min，观察袋内情况，可分 3 级。

① 雾浓：袋壁有水珠，岩样表面有明水，为水层。

② 有雾：水珠不明显，袋内明显潮湿，为含水层。

③ 雾稀薄或无雾：岩样表面干燥无潮气，为不含水层。

(4) 结果整理

详细记录含气试验结果，并填写在记录纸上。

三、注意事项

(一) 描述岩心

① 描述岩心时要将岩心放在光线充足的地方。描述方法，一般采用"大段综合，分层细描"的原则，做到观察细致，描述详尽，定名准确，重点突出，简明扼要，层次清楚，术语一致，标准统一。

② 描述岩心时要以筒为基础分段进行描述。岩心长度大于 0.1m 的岩层存在岩性、颜色、结构、构造、含油气、含有物等特征变化时，必须分层描述。

③ 大段泥岩中不足 5cm 的特殊岩性和含油条带以及厚层含油性岩层中不足 5cm 的夹层应分段描述。

④ 描述岩心时要以含油气水特征和沉积特征并重的原则进行描述。

⑤ 磨损面上下岩性对不上，或同一岩性中磨损严重者要分段定名描述。

⑥ 描述要按所分小层依次描述。采用借助放大镜的肉眼观察、简易试验、室内分析等手段进行。对于难以用文字确切表达的特殊构造、含有物等，可绘制素描图或进行岩心照相。

⑦ 含油气岩心描述要充分结合出筒显示及整理过程中的观察记录情况，综合叙述其含油气特征，进行准确定级。

⑧ 及时描述岩心，做到取一筒描一筒，不积压。

（二）采集岩心样品

① 采样前应首先落实岩心顺序，核对岩心长度。

② 必须在出筒 2h 内采样并封蜡。

③ 厚层油砂和水砂，每米采一块样品，并填写标签，用纸包好。

④ 岩心样品必须按出筒顺序统一编号。

⑤ 岩心样品分析项目应根据地质项目书或使用单位要求确定。

⑥ 油气显示及缝洞层的取样要求。油浸以上的砂岩每米取样 10 块，油斑以下的砂岩和含水砂岩每米取样 3 块。一般碳酸盐岩每米取样 1~2 块，油气显示段及缝洞发育段每米取样 5 块。样品长度为 8~10cm，松散岩心取 300g。

（三）进行岩心含油、含气、含水试验

① 岩心试验前，要首先观察岩心新鲜断面的含油、含水及断面冒气情况，并及时用有色笔圈起来。

② 及时观察描述岩心含油、含气情况，以免油、气逸散挥发而漏失资料。

③ 岩心的含油气水观察应从取心开始直到结束。取心钻进时应观察槽面的油气显示情况。

④ 岩心出筒应观察油气在其表面的外渗情况，并注意油气味，同时应观察从钻头流出来的钻井液的油气显示特征。清洗岩心时，应边清洗边做浸水试验。凡不选做饱和度样品分析的岩心，出筒后应尽快做浸水试验。

⑤ 含油储集岩的含水观察以滴水试验为主，含气储集岩的含水观察以直接观察和塑料袋密封试验为主。

四、任务考核

1. 考核要求

① 如违章操作，将停止考核。

② 考核方式：本项目为实际操作任务，考核过程按评分标准及操作过程进行。

2. 配分、评分标准（表 3-8）

表 3-8 描述岩心评分标准

序号	考核内容	考核要求	考核标准	配分	得分
1	采集岩心样品	要对好岩心顺序和茬口，会使用岩心刀劈岩心	未对好茬口扣 5 分；岩心未按同一轴线劈开扣 5 分	10	
2		要掌握采集密度和原则，会正确采集岩样。要在岩心的一侧统一采样，每采完一块样品，要立即用玻璃纸包好	未在岩心的一侧统一采样扣 5 分；不符合要求每块扣 5 分	20	
3		要准确记录采样位置及样品长度	位置记录不准每处扣 2 分；长度丈量不准每块扣 2 分	10	

续表

序号	考核内容	考核要求	考核标准	配分	得分
4	封蜡	要按照要求加热熔化石蜡,确保温度达到规定要求	蜡熔温度达不到规定要求扣10分	10	
5		要掌握含油级别岩心的封蜡原则。要用玻璃纸包好待封岩心,要反复多次封蜡,使封蜡厚度、温度达到规定要求	封蜡厚度未达到要求,每块样品扣15分;达不到封蜡级别时封蜡扣5分	30	
6		要按规定填写标签。将填好的标签连同封好蜡的样品放在牛皮纸内包好,在纸上用墨汁写好井号、岩样编号,用绳子捆好,48h内送化验室	标签未填扣5分;包装不符合要求扣5分	10	
7		按要求填写送样通知单	未按规定填写通知单扣5分	5	
8	安全生产	按规定穿戴劳保用品	未按规定穿戴劳保用品扣5分	5	
备注	时间为20min。提供岩心1筒,含油气显示5层,要求封蜡2块,采样3块		合计	100	
			考评员签字: 年 月 日		

3. 工具、材料、设备 (表3-9)

表3-9 描述岩心工具、材料、设备表

序号	名称	规格	单位	数量	备注
1	岩心描述记录			若干	
2	定性滤纸			若干	
3	氯仿溶剂		瓶	1	或四氯化碳溶剂
4	稀盐酸	质量分数为5%	瓶	1	
5	荧光灯		台	1	
6	滴管		个	3	滴水、滴酸、滴氯仿
7	小刀		把	1	
8	镊子		把	1	
9	地质值班房		间	1	5m以上心长,有4处以上油气显示
10	浸水盆		个	1	
11	清水		筒	1	
12	红蓝铅笔		支	1	

五、相关知识

(一) 岩心描述

1. 碎屑岩岩心描述内容

① 颜色。分别描述岩石颗粒、胶结物及综合颜色。区分主要颜色与次要颜色、原生色和次生色、含油颜色与不含油颜色。

② 成分。包括矿物成分及岩块的岩石类型等。

③ 结构。描述颗粒的粒度、形态(圆度、球度)及颗粒的表面特征,填隙物的结晶程度及颗粒间的相互关系。

④ 胶结物。描述胶结物成分、胶结程度及胶结类型等。

⑤ 构造。描述层理类型、层面特征、接触关系、岩心倾角；团块、斑点、结核、冲刷面、缝合线、虫孔；节理、裂缝的类型、长宽、密度、分布状态、充填物及充填程度、结晶程度等；孔洞类型、大小、密度、连通情况等，并统计缝洞的开启程度。

⑥ 化石及含有物。描述化石类型、大小、丰富程度、保存程度等，以及含有物的名称及产状。如黄铁矿、菱铁矿、沥青脉、炭屑、次生矿物等。

⑦ 物理化学性质。物理性质包括硬度、风化程度、断口、水化膨胀、可塑性、燃烧程度、味、透明度、光泽、条痕、溶解性等。化学性质主要指岩石与盐酸作用情况。

⑧ 含油气显示情况。描述含油产状（均匀、条带、斑块、斑点）、饱满程度、含油面积、原油性质（轻质油、油质较轻或较稠、稠油）、油味（油味浓、较浓、淡、无）、滴水情况（滴水呈珠状、椭圆状、半圆状、缓渗、易渗）、荧光颜色及系列对比级别等。对含气岩心，出心后应及时做浸水试验，观察油花、气泡情况，并记录气泡的大小、密度、产出状态及延续时间、气味等。

⑨ 岩心破碎情况及磨光面均应在岩心编号下注明。用"△、△△、△△△"分别表示轻微、中等和严重破碎，用"～"表示磨光面。

⑩ 测量岩心倾角，观察断层，判断接触关系。用三角板和量角器测定岩心倾角，若产状杂乱、断面有擦痕，为断层的标志。断层接触时，应描述其产状、上下盘的岩性、伴生物（断层泥、角砾）、擦痕、断层倾角等。

描述中如常见角砾岩、铝土岩或风化壳产物，可判断有沉积间断，此时再根据上下层面的倾角关系区分是平行不整合还是角度不整合。

描述层间接触关系时应仔细观察上下岩层的颜色、成分、结构、构造变化及上下岩层有无明显的接触界线、接触面等，综合判断层间接触关系。一般分为渐变接触、突变接触、断层接触及侵蚀接触等。渐变接触是指不同岩性逐渐过渡，无明显界限；突变接触是指不同岩性分界明显，见到风化面时应描述产状及特征；侵蚀接触在侵蚀面上具有下伏岩层的碎块或砾石，上下岩层接触面起伏不平。

⑪ 对重要的含油气产状、沉积构造、化石、含有物及沉积相标志等地质现象进行素描或照相。每幅素描图应注明图名、比例尺、所在岩心柱的位置（用距顶的尺寸表示）和图幅相对岩心柱的方向。

2. 碳酸盐岩岩心描述

(1) 碳酸盐岩岩心描述方法

① 检查岩心。同碎屑岩岩心描述情况。

② 岩心分层。观察岩心的颜色、岩性、结构、构造、含油气性、特殊含有物、缝洞等，按分层原则进行初步分层，并用红蓝铅笔标出分层界线以及缝洞、化石、磨损面、侵蚀面等位置。

③ 描述岩心并做好记录。

ⅰ. 记录分层岩心编号，方法同碎屑岩岩心描述。

ⅱ. 核实并记录岩心的分段长度和累计长度，方法同碎屑岩岩心描述。

ⅲ. 记录岩样编号、岩样长度及其距顶位置，方法同碎屑岩岩心描述。

ⅳ. 按碳酸盐岩定名原则对各段岩心进行定名。

ⅴ. 岩性描述内容包括颜色、结构组分、胶结物及胶结程度、结构、构造、缝洞发育情况、物理性质、化石、特殊含有物、接触关系、含油气水情况、与盐酸反应情况等。

ⅵ. 将本筒岩心的取心次数、井段、进尺、心长、收获率、所含油气产状等数据填写在描述记录首页上。

(2) 碳酸盐岩岩心描述内容

碳酸盐岩应着重描述裂缝和溶洞的分布状态、开启程度、连通情况和含油气产状等。主要描述内容如下：

① 颜色。描述内容基本上与碎屑岩描述内容相同，另外还应描述颜色的变化及分布状况。

② 结构组分。碳酸盐岩主要由颗粒、泥、胶结物、晶粒、生物格架 5 种结构组分组成。

③ 颗粒。包括内碎屑、鲕粒、生物颗粒、球粒、藻粒等。描述前将岩石新鲜面用质量分数为 5% 或 10% 的稀盐酸侵蚀 2min，再用水洗净，在放大镜下观察，描述颗粒数量、大小、分布状况。

④ 泥。描述其含量及分布情况。

⑤ 胶结物。描述胶结物成分、胶结类型。

⑥ 晶粒。描述晶粒形状、大小等。

⑦ 生物格架。描述数量、大小、形态、排列及分布状况。

⑧ 构造。应着重描述各构造的形态、分布状况等。

⑨ 含油气显示情况。描述岩心含油颜色、产状、原油性质及钻遇该层时的钻时变化、槽面显示，洗岩心时的盆面显示，气测变化情况，钻井液性能变化情况等。

⑩ 其他内容同碎屑岩岩心描述。

3. 可燃有机岩岩心的定名及描述内容

可燃有机岩主要指煤、沥青、油页岩等几种类型。

(1) 可燃有机岩的定名

可燃有机岩的定名包括颜色、岩性。

(2) 描述内容

① 煤。主要描述颜色、纯度、光泽、硬度、脆性、断口、裂隙、燃烧时的气味及燃烧程度、含有物、化石的数量及分布状况等。

② 油页岩、炭质页岩、沥青质页岩。描述颜色、岩石成分、页理发育情况、层面构造、含有物及化石情况、硬度、可燃情况及气味等。

③ 蒸发岩岩心的定名及描述内容。

蒸发岩包括石膏岩、硬石膏岩、岩盐、钾镁岩盐、芒硝、硼酸盐岩等。

ⅰ. 蒸发岩的定名包括：颜色、岩性。定名时以含量大于 50% 的矿物定主名，含量小于 50% 时，作为次要名参加定名。

ⅱ. 描述内容。包括颜色、成分、构造、硬度、脆性、含有物及化石等。

4. 岩浆岩岩心的描述内容

岩浆岩主要描述矿物成分、晶粒结构及相互关系，其中矿物成分是定名的基础。主要描述内容如下：

① 颜色。描述主要矿物、次要矿物及其综合颜色。重点描述颜色的变化及所含矿物颜色的变化、分布状况。

② 矿物成分。分浅色矿物和暗色矿物分别进行描述，描述时用肉眼或借助放大镜观察

各种矿物及其含量变化。浅色矿物有钾长石、斜长石和石英；暗色矿物有橄榄石、辉石、角闪石和黑云母。

③ 结构。分为全晶质结构、半晶质结构、玻璃质结构、等粒结构、不等粒结构等。描述结构的名称、组成这些结构的矿物成分等内容。

④ 构造。分为结晶构造（块状构造、带状构造、斑杂构造）、充填构造（晶洞构造、气孔和杏仁构造）、流动构造（流纹构造等）。描述组成这些构造的组分、颜色，晶洞、气孔的形状、大小及被充填情况等。

⑤ 含油情况。描述含油颜色、产状、含油级别等。

5. 火山碎屑岩岩心描述内容

火山碎屑岩是介于火成岩和沉积岩之间的过渡性岩类，其描述内容主要是碎屑成分和结构，并作为定名的基础。

① 颜色。火山碎屑岩的颜色主要取决于物质成分和次生变化。常见的颜色有浅红、紫红、绿、灰等颜色。

② 成分。描述火山碎屑的矿物成分和碎屑类型。火山碎屑物质按组成及结晶状况分为岩屑、晶屑、玻屑。描述其物质组成成分。

③ 结构。包括集块结构（火山碎屑中大于100mm的碎屑含量大于50%）、火山角砾结构（火山碎屑中2～100mm的碎屑含量大于75%）、凝灰结构（火山碎屑中小于2mm的碎屑含量大于75%）等。凝灰质含量小于50%时，作为次要名参加定名；凝灰质含量小于10%时，不参加定名。

④ 其他描述内容同碎屑岩岩心描述。

6. 变质岩岩心描述内容

变质岩常见的有片麻岩、片岩、千枚岩、大理岩等。描述内容包括颜色、矿物成分、结构、构造、特殊含有物、含油情况等。

① 颜色。描述岩石颜色的变化及分布状况。

矿物成分。成分较复杂，既有和岩浆岩、沉积岩共有的矿物类型，又有变质岩特有的矿物。特有矿物是确定变质岩名称及变质岩类型的重要依据，这是描述重点。

② 结构。根据成因，变质岩的结构类型可分为变余结构、变晶结构、交代结构、碎裂结构。要求确定结构名称时参与定名。

③ 构造。变质岩的构造反映变质程度的深浅，主要有变余构造、变成构造及混合构造。

④ 其他内容同碎屑岩岩心描述。

7. 缝洞岩心描述内容

在裂缝性油气田地区，油气分布受缝洞控制；而缝洞的发育又受岩性、构造及古地理环境控制。因此，岩心描述时要详细描述缝洞的产状、密度、连通性及含油气情况。

(1) 裂缝

主要指成岩、构造及其他次生作用等原因使岩石破裂而形成的裂缝。

① 裂缝的分类。

ⅰ.按产状分：

垂直缝或立缝：倾角>75°；

斜缝：倾角为15°～75°；

平缝：倾角<15°。

ⅱ．按成因分。

构造缝：因构造运动而形成，属于次生缝隙。一般比成岩缝宽，张开者多，是碳酸盐岩储集层储集油气的主要空间和流动通道。

成岩缝：因成岩作用而形成，属原生缝。多与地层平行，多被充填。

ⅲ．按充填程度分：

张开缝：未被充填或未被全部充填。

充填缝：已被充填，无空隙。

ⅳ．按裂缝宽度分，见表3-10。

表 3-10　裂缝宽度分类情况表

裂缝类别	宽度/mm
巨缝	>10
大缝	5~10
中缝	1~5
小缝	0.1~1
微缝	0.01~0.1
超微缝	<0.01

② 裂缝密度统计：描述时以分层为单位统计裂缝条数（条/米）。缝宽小于0.1m及分支长度小于5cm的，一般不统计。相邻岩心被同一条裂缝贯穿时只统计一次。只统计张开缝和方解石充填缝。缝合线和其他物质充填缝不统计，只描述其发育和分布情况。

ⅰ．裂缝发育程度

$$裂缝密度 = \frac{裂缝总条数}{岩心长度}(条/米) \tag{3-1}$$

$$裂缝开启程度 = \frac{张开缝条数}{裂缝总数} \times 100\% \tag{3-2}$$

ⅱ．张开缝：统计描述其条数、产状、宽度、长度及充填情况（包括充填物名称、充填程度、结晶程度、晶体大小、透明度、含油气情况及分布情况）。

ⅲ．方解石充填缝：统计描述其条数、产状、宽度、含油气情况及分布情况。

(2) 孔洞

主要是指溶洞和晶洞及岩石中的结构空隙（如白云岩化及重结晶作用形成的空隙，生物灰岩中的粒内空隙等）。溶洞：因溶蚀作用而形成，洞壁弯曲不规则，常有黏土附着。晶洞：为方解石、白云石、石英等充填或半充填的孔洞，描述其成分及自形程度。

① 孔洞的分类：按孔洞直径划分（表3-11）。

表 3-11　洞穴的大小分类情况表

洞穴类别	洞径/mm
巨洞	>100
大洞	10~100
中洞	5~10
小洞	1~5
针孔、溶孔	<1

② 孔洞数量统计：应统计孔洞的个数、类型、连通性、分布情况、含油气情况及充填情况（包括充填物名称、充填程度、充填物结晶程度、晶体大小及透明度等）。

$$孔洞密度 = \frac{孔洞总个数}{岩心长度}(个/米) \tag{3-3}$$

$$孔洞连通程度 = \frac{连通孔洞个数}{孔洞总数} \times 100\% \tag{3-4}$$

(3) 缝洞组合

指缝洞关系及分布状况。以层为单位，逐层统计缝洞发育参数，对缝洞组合关系必须详细描述，统计缝洞连通率（保留两位小数）。缝洞组合关系通常有缝连洞、缝中缝、缝中洞、切割缝等。

① 缝连洞：孔洞为张开缝相互串通，对油气运移聚集极为有利。
② 缝中缝：前期裂缝被充填，后期由于构造活动又重新裂开，与溶解、沉淀有关。
③ 切割缝：不同期次的裂缝相互穿插，岩心上常见后期裂缝切割前期裂缝。
④ 缝中洞：指裂缝局部被溶蚀，扩大而形成的洞。

$$缝洞连通率 = \frac{张开缝连通洞穴个数}{洞穴总数} \times 100\% \tag{3-5}$$

(4) 注意事项

① 描述统计裂缝时，必须严格区分人为造成的假缝。
② 对于破碎岩心要特别注意地层裂缝的观察描述，因为岩心的不规则破碎正是裂缝发育的间接标志。
③ 缝合线。石灰岩中缝合线发育最明显，而白云岩中不发育。一般呈锯齿波状起伏，多为泥质充填，属成岩裂缝类型。对油气储集渗滤意义不大，只描述其发育和分布情况即可。
④ 斑块。在碳酸盐岩地层中较多。主要成分为方解石、次生白云石、石膏，间有黄铁矿及泥质。方解石和白云石斑块间有空隙，且方解石易溶解而成洞，对油气聚集具重要意义，因此对斑块个数、大小、结晶程度、透明度及分布情况要进行描述统计。

8. 利用岩心测量地层倾角

利用岩心丈量的地层倾角，是了解地下构造形态、换算地层真实厚度的重要资料。测量的准确性，关键在于利用不同岩性找出可靠的岩层界面。其主要方法为量角器测量法。

量角器测量法：将岩心柱中心线与量角器90°指示线相重合，层面线与量角器弧边线重合处的角度数即为地层倾角。如有井斜角，要做井斜校正。

(二) 岩心含油级别的划分

含油级别是岩心中含油多少的直观标志，是现场定性判断油、气、水层的重要依据。含油级别主要是依靠含油面积大小和含油饱满程度来确定。

① 确定含油面积。将一块岩心沿其轴面劈开，新劈开面上含油部分所占面积的百分比，称为该岩心含油面积的百分数。
② 确定含油饱满程度。通过观察岩心的光泽、污手程度、滴水试验等可以判断含油饱满程度。一般分为以下3级。

含油饱满：岩心颗粒全部被油饱和，新鲜面上油汪汪的，颜色一般较深，油脂感强，油味浓，原油外渗，污手，滴水不渗。

含油较饱满：颗粒空隙充满油，油脂光泽差，油味较浓，捻碎后污手，滴水不渗。

含油不饱满：颗粒空隙部分充油，颜色一般较浅，油脂感差，不污手，滴水微渗。

③ 根据含油面积、含油饱满程度及其他指标确定含油级别。表 3-12～表 3-14 所示分别为孔隙性岩心含油级别、缝洞性岩心含油级别、碳酸盐岩岩心含油级别划分标准。

表 3-12　孔隙性岩心含油级别划分标准

含油级别	含油面积占岩石总面积百分比/%	含油饱满程度	颜色	油脂感	味	滴水试验
饱含油	>95	含油饱满、均匀，原油外渗	棕、棕褐、深棕、深褐、黑褐，看不到岩石本色	油脂感强，染手	原油味浓	呈圆珠状，不渗入
富含油	70～95	含油较饱满、较均匀，局部见不含油斑块或条带	棕、浅棕、黄棕、棕黄，不含油部分见岩石本色	油脂感较强，染手	原油味较浓	呈圆珠状，不渗入
油浸	40～70	含油不饱满、不均匀，含较多不含油斑块或条带，有水渍感	浅棕、黄灰、棕灰，含油部分不见岩石本色	油脂感弱，可染手	原油味淡	含油部分滴水呈馒头状，微渗
油斑	5～40	含油不饱满、不均匀，含油部分呈斑块状或条带状	多呈岩石本色，以灰色为主	油脂感很弱，可染手	原油味很淡	含油部分滴水呈馒头状，缓渗
油迹	≤5	含油极不均匀，含油部分呈零散的斑点状	为岩石本色	无油脂感，不染手	能闻到原油味	滴水缓渗、易渗
荧光	0	肉眼见不到原油，荧光检测有显示，系列对比在6级以上(含6级)	为岩石本色或微黄色	无油脂感，不染手	一般闻不到原油味	滴水易渗

表 3-13　缝洞性岩心含油级别划分标准

含油级别	缝洞壁上见原油情况
富含油	50%以上(含 50%)的缝洞壁上见原油
油斑	50%～10%(含 10%)的缝洞壁上见原油
油迹	10%以下的缝洞壁上见原油
荧光	缝洞壁上看不到原油，荧光检测或有机溶剂浸泡有显示，系列对比在6级以上(含6级)

表 3-14　碳酸盐岩岩心含油级别划分标准

含油级别	含油缝洞占岩石总缝洞的百分比/%	含油产状	颜色	油脂感	味	滴水试验
富含油	>50	裂缝缝洞发育，原油浸染明显，含油均匀，有外渗现象	油染部分呈棕褐或棕黄色，其他部分呈岩石本色	油脂感较强，染手	原油味较浓	油染部分不渗，呈圆珠状

续表

含油级别	含油缝洞占岩石总缝洞的百分比/%	含油产状	颜色	油脂感	味	滴水试验
油斑	<50	肉眼可见,含油不均匀,呈斑块状或斑点状	油染部分呈浅棕褐或浅棕黄色,其他部分呈岩石本色	油脂感较弱	原油味淡	沿裂缝孔隙缓渗
荧光	肉眼看不见	荧光系列对比在6级以上(含6级)	为岩石本色	无油脂感	一般闻不到原油味	

(三) 岩心样品的采集

1. 碎屑岩开发试验样品取样标准

① 分析项目。包括相渗透率、润湿性及黏土物质水敏试验。

② 取样标准。油浸级以上（含油浸级）含油级别岩心，要选无夹层、无裂缝、层理少、颗粒相对均匀的部位全直径取样。取样长度一般为8~10cm。

③ 取样密度。单层厚度为3~5m的取3块；单层厚度为5~10m的每2m取一块；单层厚度在10m以上的每3m取一块；全部厚度小于3m者，选好目的层取2~3块。

2. 其他分析项目取样标准

① 薄片分析。按需要或设计要求取样，大小为3cm×3cm×3cm。碳酸盐岩薄片，每米取2块，岩性有变化的要增加取样。

② 孢粉分析。主要分析泥岩，每米取1~2块，每块20~50g，地层界线处适当加密。

③ 微体化石分析。每米取1~2块，地层界线处适当加密。

④ 油、气源岩有机地化分析。每个样品在600g以上。

3. 碎屑岩岩心样品油层物性分析密度标准（表3-15）

表3-15 碎屑岩油层物性分析密度标准

岩性/分析项	油浸及以上含油级别碎屑岩	油斑及以下含油、水级别碎屑岩
油水饱和度	3块/m，(封蜡)	
孔隙度、渗透率	10块/m	3块/m
粒度	4~5块/m	1~2块/m
碳酸盐岩含量	2块/m	1块/m

4. 其他项目岩心取样要求（表3-16）

表3-16 岩矿、古生物、黏土、扫描电镜及岩石物性分析项目取样要求

分析项目	岩性	用途	取样间距	取样量/g	取样原则
微体化石	泥岩	确定地层时代,进行地层划分对比和沉积相研究	10~20m,必要时加密为2~5m	混合样200	岩心每0.5~2m取一块
孢子化粉	泥岩或粉砂岩	确定地层时代,进行地层划分对比和沉积相研究	10~20	30~50	岩心1~2m取一块

续表

分析项目	岩性	用途	取样间距	取样量/g	取样原则
岩矿	砂岩灰岩	分析岩石成分、定名，分析成岩特征，进行物源区的母岩性质推测及沉积环境研究	2~5m	10~20	岩心取样间距为0.5m，如做粒度及重矿物分析，则要取30~50g样品
岩石物性		了解储层特性	3~10块/m	每块岩心长10cm	含油岩心先取样，在现场做油水饱和度分析或封蜡后送试验室分析
扫描电镜	砂岩灰岩	了解岩石结构特征、孔隙大小、类型、数量及自生矿物的形态大小和产状	—	5~10	根据薄片或X衍射分析结果选样分析
X衍射	泥岩砂岩	矿物成分	25~50m	30~50	泥岩间距为50~80m一块，砂岩可视情况按层取样

5. 采集岩心罐装样

① 岩心出筒时，发现有油气显示的岩心，立即用棉纱擦净。

② 将岩心用劈刀劈为两半，一半为样品（长8~10cm，重约400g），另一半按岩心顺序排放在原来位置。若岩心较破碎时，选取较大的岩块，入罐体积不少于罐容积的80%。

③ 将岩样立即装入岩样罐内（罐容积不少于500g），加入本次取心的钻井液，高出样品1cm并立即加盖旋紧。

④ 记录罐装样品的距顶位置、岩性，填好岩样标签，贴在岩样罐上，并同时填写送样清单。

任务三 描述井壁取心

一、学习目标

① 能进行井壁取心的出筒。
② 能进行井壁取心的整理。
③ 能进行井壁取心的描述。

二、任务实施

（一）确定井壁取心位置

① 透绘测井曲线。将1：200的0.45m底部梯度曲线（或0.5m电位曲线及其他电阻率曲线）和自然电位曲线（或自然伽马曲线及其他渗透性曲线）透绘在透明计算纸上。

② 根据不同的取心目的，选定井壁取心层位。

③ 确定井壁取心位置。根据录井资料和测井资料进行综合分析，由地质、气测、测井绘解人员及地质设计人员共同协商，确定井壁取心深度、颗数。

ⅰ.砂泥岩剖面的油层段，在底部梯度曲线极大值的上斜坡和自然电位曲线的高负幅度上确定取心深度。

ⅱ.油气显示厚度较大时，先卡出电性的顶、底界，然后分别在顶部、中部和底部确定井壁取心位置。

ⅲ．标准层、标志层及其他特殊岩性，参考微电极，落实岩性的电性特征及深度后，确定井壁取心位置。

ⅳ．复查井壁取心位置：读出准确深度，自下而上进行编号，并在1∶200的0.45m底部梯度曲线上划出位置线。如图3-2所示。

ⅴ．填写井壁取心通知单：将井壁取心的顺序、深度、颗数及取心目的填写在井壁取心通知单上。

ⅵ．在岩屑草图上标注井壁取心：将每颗井壁取心的深度和序号用红铅笔标注在岩屑录井草图上，便于复查落实岩性及油气显示情况。

（二）跟踪监控井壁取心

① 向炮队介绍本井钻遇地层及井下情况。包括钻头程序、井身结构、地层、岩性及井下特殊情况等。

② 向炮队提供井壁取心通知单。

③ 选取被跟踪曲线特征峰段：取心前，在被跟踪曲线上选一段特征明显的曲线，作为井壁取心跟踪对比标志。

④ 复核点火深度：找出每颗井壁取心被跟踪时的参照尖峰深度。

ⅰ．计算首次零长：开始取心时，当记录仪走到被跟踪曲线上第一个取心位置时，说明井下电极系记录点正好位于第一个预定的取心深度上，但各个炮口还在取心位置以下。为使第一个炮口与第一个取心深度对齐，还必须使取心器上提一定距离，这段上提距离即为首次零长。首次零长等于电极系记录点到第一颗炮口中心的距离。

ⅱ．计算上提距离：先在跟踪曲线上找出最下一个取心深度的位置，紧邻下方寻找一个易于对比的电阻特征峰，以特征峰的井深为准，计算上提距离，如图3-3所示。上提值按以下公式计算：

$$首次上提或下放值 = 尖峰深度 + 首次零长 - 第一颗取心深度 \quad (3-6)$$

$$其他颗上提值 = 前一颗取心深度 - 后一颗取心深度 - 炮间距 \quad (3-7)$$

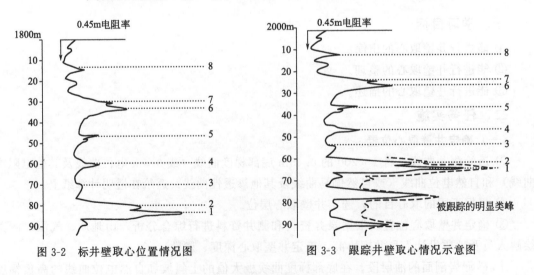

图3-2　标井壁取心位置情况图　　　图3-3　跟踪井壁取心情况示意图

计算结果，正值为上提值，负值为下放值，炮间距一般为0.05m。

例如：某井进行跟踪井壁取心，被跟踪参照尖峰深度为2541.2m，首次零长为4.6m，第一颗取心深度为 2537.4m，第二颗取心深度为 2535.8m，求每次上提值。

解： 首次上提值＝尖峰深度＋首次零长－第一颗取心深度
$$=2541.2+4.6-2537.4=8.4m$$
第二次上提值＝第一颗取心深度－第二颗取心深度－炮间距
$$=2537.4-2535.8-0.05=1.55m$$

答： 首次上提值为 8.4m，第二次上提值为 1.55m。

⑤ 监控跟踪尖峰是否正确：井壁取心时，一边上提电缆，一边测曲线，若实测曲线与被跟踪曲线形态、深度一致时可进行取心；否则，应重新调整，待曲线形态、深度一致时再取心。

⑥ 取心器提出井口后，立即检查发射率，计算收获率，并检查符合率。

（三）井壁取心出筒

1. 井壁取心操作方法

取心器从井口提出后，平放在钻台大门坡道前的支架上，每卸出一个取心筒，立即按取心深度装入相应编号的塑料袋内；如果是空筒，相应编号的袋子应空着，然后拿到地质值班房。

左手握住取心筒上部，右手握住弹头，逆时针方向旋转，将岩心筒卸开；若拧不动，可用管钳或台钳卸开。用通心杆和榔头捅出岩心，用小刀刮去泥饼并擦净，逐个放在纸上，同时标上岩心编号。在与炮队校对深度无误后，进行岩心粗描，并进行荧光湿照。对有油气显示的岩心做好标记，进行含油、含水试验，并记录分析结果。

2. 初步判断岩性

检查岩心的真实性是否与预计的岩性相符。对于假岩心、空筒、岩性与预计不符的，应写明井深、颗数，通知炮队，准备重取。

3. 井壁取心整理

将岩心装在专用的玻璃瓶中，按由深至浅的顺序重新编号，排列在井壁取心盒内。

将写有编号、深度、岩性、含油级别的岩心标签装入相应的岩心瓶中（对于含油气岩心还需用玻璃纸包好并封蜡）。

填写岩心描述清单，附在井壁取心盒内，并在井壁取心盒顶面贴上井号。

4. 井壁取心描述

检查岩心：打开井壁取心盒，检查井壁取心的编号、深度及排列顺序是否正确；岩心排列顺序有无颠倒现象；各颗岩心的真实性，有无泥饼等假岩心。

描述岩心：按顺序取出岩心，结合岩性初步判断记录，逐颗进行描述按由深至浅的顺序进行井壁取心描述。

岩心定名：颜色＋含油级别＋含有物（胶结物成分、粒级、化石等）＋岩石。

描述内容：深度（取一位小数）、颜色、岩石成分、结构、构造、胶结物及胶结程度、分选情况、化石及含有物、岩石的理化性质、含油气情况及荧光检测情况，对于必要的井壁取心样还要做含油、含气试验。

将描述完的岩心放回原瓶，盖好盖，并贴上写有编号、深度、岩性、含油级别的标签，按编号顺序放回井壁取心盒。

三、注意事项

① 接心、捅心及描述岩心时，不得搞错岩心编号。捅心时的岩心编号、深度应与炮队的深度相一致，不得错乱。

② 井壁取心结束，经地质技术员签字后，炮队方可离开现场。

③ 岩心的收获率、符合率均不低于70%，每颗岩心的质量要满足描述、分析、化验用量。岩心长度小于1cm时应重取，取出的岩心与电性不符时应重取，空筒或假岩心也应重取。

④ 岩心不许与外界油水接触，以防污染。岩心出筒后应及时进行荧光分析，防止油气挥发造成定名不准。细描时应结合岩心出筒粗描观察进行综合分析。

⑤ 定含油级别时，应考虑钻井液浸泡以及混油、泡油污染的影响。

⑥ 如果一颗岩心有两种岩性时，都要描述。定名时可参考电测曲线所反映的岩电关系来确定。

⑦ 如果一颗岩心有3种以上岩性时，可参考电测曲线以1种岩性定名，另外两种以夹层或条带处理。

⑧ 在注水开发区或油水边界进行井壁取心时，应注意观察含水情况，并做含油试验。

⑨ 对可疑气层进行井壁取心时，应及时嗅味，并做含气、含油试验。

⑩ 在观察和描述白云岩岩心时，由于岩心筒的冲撞作用易使白云岩破碎，与盐酸作用起泡较强烈，这种情况下应注意与灰岩的区别。

⑪ 描完一颗岩心，应将标签填写清楚，一同放入井壁取心瓶内，有字的一面应贴近井壁取心瓶，以便观察。

四、任务考核

1. 考核要求

① 如违章操作，将停止考核。

② 考核方式：本项目为实际操作任务，考核过程按评分标准及操作过程进行。

2. 配分、评分标准（表 3-17）

表 3-17　描述井壁取心评分标准

序号	考核项目	考核要求	评分标准	配分	得分
1	井壁取心的出筒及整理	取心器提出井口后，立即接心，每卸出一个取心筒立即按取心深度装入相应编号的塑料袋内；如果是空筒，相应编号的塑料袋应空着	准备工作不充分，扣5~10分	10	
2		每顶出一颗岩心，立即放在同号的井壁取心盒内，并立即标出这颗岩心的深度	接错岩心一颗，扣5~10分	10	
3		用小刀刮去岩心上的泥饼，检查岩心是否真实，岩性是否与预计的岩性相符	不刮净岩心上的泥饼，每颗扣2分	10	
4		对需要重取的深度和颗数通知炮队，准备重取	对需要重取的深度未及时通知炮队，扣10分	10	
5		及时对岩心做含油、含水试验和荧光检查，并进行岩性描述	不做含油、含水试验，每颗各扣2分；未进行岩性描述，每颗扣2分	20	
6		填写岩心标签，将含油气岩心用玻璃纸包好封蜡，再和岩心标签一同装入岩心盒内，在盒上标明井号、编号、取心深度。对含油气岩心在岩心盒上做好标记	包装不合格，每颗扣2分	10	
7		分层位统计岩性及油砂	未进行分层段统计岩性及油砂，扣10~20分	20	

续表

序号	考核项目	考核要求	评分标准	配分	得分
8	安全生产	按规定穿戴劳保用品	未按规定穿戴劳保用品扣10分	10	
			合计	100	
备注		时间为30min	考评员签字： 年 月 日		

3. 工具、材料、设备（表3-18）

表3-18 描述井壁取心工具、材料、设备表

序号	名称	规格	单位	数量	备注
1	井壁取心描述记录		张	若干	
2	定性滤纸		张	若干	
3	氯仿溶剂		瓶	1	或四氯化碳
4	稀硫酸	质量分数为5%	瓶	1	
5	荧光灯		台	1	
6	滴管		个	3	滴水、滴酸、滴氯仿
7	浸水盆		个	1	含清水
8	岩心标签		份	若干	
9	井壁取心盒		个	1	提供5颗岩心（含油气显示）
10	地质值班房		间	1	

五、相关知识

（一）井壁取心的目的、要求、应用及确定原则

1. 井壁取心的目的

井壁取心的目的是证实地层的岩性、含油性及与电性的关系，满足地质方面的特殊要求。

2. 井壁取心的质量要求

① 取心密度依设计或实际需要而定。通常情况下，应以完成地质目的为主，重点层应加密，取出的岩心必须是具有代表性的岩石。

② 井壁取心的岩心实物直径不得小于10mm，岩心实物有效厚度不得小于5mm。条件具备时，尽可能采用大直径井壁取心。每颗井壁取心在数量上应保证满足识别、分析、化验之用。若泥饼过厚或打取井壁过少，不能满足要求时必须重取。井壁取心岩性与岩屑录井岩性出入较大时，要校正电缆后重取。

③ 井壁取心出井后，要有效保证岩心的正常顺序，避免颠倒。及时按井深由深至浅的顺序系统编号，贴好标签，准确定名。及时观察描述油气显示情况，选样送化验室。描述后要及时整理，并一一对应装入贴好深度和序号标签的岩心盒。

④ 井壁取心数量不得少于设计要求，收获率应达到70%以上。

⑤ 预定的取心岩性，应占总颗数的70%以上。

⑥ 为确保岩心的真实性，防止岩心污染，要求接触岩心的工具必须干净无污染。

⑦ 填写井壁取心清单一式两份，一份附井壁取心盒内，一份留录井小队入原始记录中。

⑧ 岩心实物，现场观察描述完后应及时送交有关单位使用。

3. 井壁取心作业要求

① 井壁取心工艺由现场地质技术人员与取心施工队伍制定，并完成作业项目。

② 井壁取心是对油气探井完钻后，完成电测井时，视井下实际情况需要而定的，由各油气田勘探部（或相当的地质主管部门）决定。

③ 由录井单位和施工单位及地质设计的有关技术人员在现场具体确定取心位置和取心颗数。

④ 确定井壁取心时，必须结合钻时、气测、岩屑、岩心及钻井液录井资料、电测资料，以综合测井曲线为重要依据。

⑤ 要精心施工，确保井壁取心的质量和取心深度的准确性。

4. 井壁取心资料的应用

① 井壁取心与岩心一样属于实物资料，可以利用井壁取心来了解储层的物性、含油性等各项资料。

② 利用井壁取心进行分析实验，可以取得生油层特征及生油指标。

③ 可用于弥补其他录井项目的不足。

④ 用以解释现场录井资料与测井资料相矛盾的层段。

⑤ 利用井壁取心可以满足一些地质的特殊要求。

5. 定井壁取心原则

遇下列层段应定井壁取心。

① 钻井过程中有油气显示需要进一步证实的层段。

② 漏取岩屑的井段或岩心收获率很低的井段。

③ 邻井为油气层，而本井无显示的层段。

④ 岩屑录井无显示，而气测有异常，电测解释为可疑层的层段。

⑤ 岩屑录井草图中岩电不符的层段。

⑥ 需要了解储油物性，应取心而未进行钻井取心的层段。

⑦ 具有研究意义的标准层、标志层及其他特殊岩性层段。如断层破碎带、油气水界面等。

⑧ 电测解释有困难，需要井壁取心提供依据的层段。

井壁取心的具体位置应由地质、气测、测井绘解人员及地质设计人员根据岩心录井、岩屑录井、气测等资料进行综合分析后，共同协商确定。

（二）井壁取心时录井人员的工作职责

① 根据井壁取心原则和地质设计，与测井绘解人员共同确定井壁取心位置，并填写井壁取心通知单。

② 炮队到井后，地质人员应及时提供本井基本数据，并介绍井下地质情况等，提出对井壁取心的要求。

③ 跟踪监控井壁取心的全过程，及时复核点火深度，并检查跟踪曲线是否正确，核对井壁取心上提、下放值是否正确。

④ 准备好充足的装心袋子和出心工具，并写好编号。取心完毕，按顺序进行出心，严

防错乱。

⑤ 出心后及时整理、描述，并放入井壁取心盒内。所取岩心应符合井壁取心质量要求，若达不到要求，应要求重取。

⑥ 填写井壁取心描述三份，一份附井壁取心盒内，一份留录井小队入原始记录中，一份经测井施工队伍交绘解室，并及时参加完井讨论。

⑦ 井壁取心描述、整理结束后，填写入库清单，上交入库。

（三）井壁取心描述

内容基本上与钻井取心相同，见钻井取心描述内容。

（四）井壁取心资料的收集及发射率、收获率、符合率的计算

1. 井壁取心资料的收集

基本数据。包括取心深度、设计颗数、实装颗数、实取颗数、含油气显示颗数、无油气显示颗数、发射率、符合率、收获率等。

岩心粗描应包括每颗取心的深度、岩性定名、颜色、含油级别。

岩心细描时应填写井壁取心描述专用记录。

井壁取心情况用规范符号标注在岩屑综合录井图上。

荧光颜色以湿照荧光为准。井深单位用"m"表示，取一位小数。

2. 井壁取心发射率、收获率、符合率的计算

（五）井壁取心流程（图 3-4）

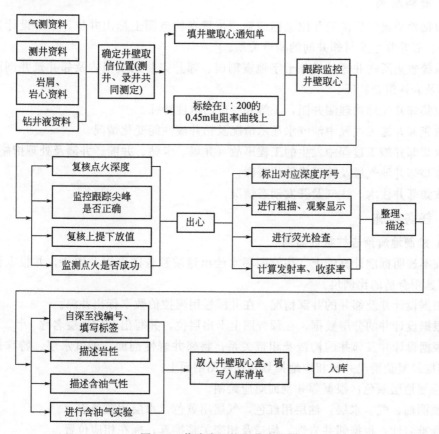

图 3-4 井壁取心的工艺流程图

学习情境四
图表绘制

任务一 绘制地质预告图

一、学习目标
① 能看懂构造图、剖面图、井位图。
② 较熟练地绘制地质预告图。

二、资料准备
① 根据地质设计提供的井位坐标或地理位置在构造图上标出井位,了解设计井所处的构造位置、邻井井号及与邻井间的构造关系。
② 系统收集所在井区的过井十字地震剖面、邻井完井地质报告及邻井录井剖面,了解分层数据及岩性组合特征。
③ 收集邻井地球物理测井图,了解各层位的电性特征。
④ 收集邻井施工过程中油气水显示情况及钻井液性能变化情况。
⑤ 收集邻井施工过程中发生的工程事故(井塌、卡钻、井喷、井漏及处理措施)。
⑥ 收集邻井油气层及特殊岩性代表样。
⑦ 收集邻井注水、注气及开发动态情况。

三、任务实施
(一)绘制地质预告柱状剖面图
① 在不透明标准计算纸上,用绘图墨水绘出地质预告图图框及图头,并根据预告图剖面的深度选用合适的比例尺。
② 根据设计井及邻井的井深情况,在井深栏用阿拉伯数字标出井深。
③ 根据设计井的分层数据,在预告图上卡出层位,并写出对应地层名称。
④ 根据设计井及邻井的构造及相带关系,将邻井岩性剖面、油气水层、特殊地层岩性层、标准层及复杂情况井段相应地推算到预告图剖面上。
ⅰ.绘制地层颜色:根据邻井剖面对应绘制。
ⅱ.预测油、气、水层:油层用红色,气层用黄色,水层用蓝色表示。
ⅲ.标准岩性:根据邻井岩性、构造及相变关系推算,标在相应位置。
⑤ 根据邻井资料及与本井的对比关系,把邻井在钻井过程中发生的事故等复杂情况作

为设计井的故障提示，用符号或文字标注在相应位置。

ⅰ.故障提示：如防斜、防塌、防卡、防喷、防漏等。

ⅱ.邻井注水、注气情况：注水压力、注气压力等。

ⅲ.对于定向井应注明邻井井斜、方位情况，严防钻穿邻井套管。

⑥ 在备注栏内注明参考井号、周围注水情况、设计井完钻原则及制图人、审核人等。

（二）绘制过设计井构造剖面图或油藏剖面图

① 按照能最佳反映地下地质特征的原则选择好过井剖面线，按适当的井距、比例绘制在透明厘米方格纸上，并标出过邻井和设计井的位置。

② 根据各井的海拔标高，在剖面线上两端标出垂直海拔深度线，并标注海拔深度。

③ 通过各井位作剖面垂线代表井身。

④ 将邻井地层、断点及主要目的层按海拔深度和纵比例尺，正确地绘在各井身线上。

⑤ 根据地质设计，在井身线上标出本井的地层、断点及目的层海拔深度。

⑥ 用圆滑曲线把各井间相同层位的顶、底界连接起来，并画出断层在剖面上的通过位置及地层接触关系。

⑦ 注明地层层位、剖面方向、图名、比例尺、图例、制图单位、制图日期、绘图人等。

（三）清绘地质构造图（或井位图）

用透明绘图纸将设计书中的地质构造图或井位图清绘出来（选择合适比例），标出本井井位，明确其构造位置。

四、注意事项

① 地质预告图表包括地质预告柱状剖面图、过设计井构造剖面图、地质构造图及基本数据表。

② 图框边界线粗0.9mm，内框线及构造图断层线粗0.6mm，剖面线及其他线粗0.3mm，线条粗细要均匀。

③ 预告柱状剖面图必须标出油气水层位置、特殊岩性层、标准层及复杂情况井段，定向井应说明邻井井斜情况。

④ 预告图的岩性、油气层、井喷及井漏等符号均按标准图例进行绘制。

⑤ 预告图只作参考，钻进过程中要根据钻遇的实际情况，及时修改，并进行随钻预告。

五、任务考核

1.考核要求

① 如违章操作，将停止考核。

② 考核方式：本项目为实际操作任务，考核过程按评分标准及操作过程进行。

2.评分标准（表4-1）

表4-1　绘制地质报告图评分标准

序号	考核内容	考核要求	评分标准	配分	得分
1	绘制图框及图头	要熟悉图样标准格式，能够正确绘制图框及图头。要根据剖面深度选用合适的比例尺	图框及图头有误各扣2.5分；比例不合理扣5分	10	
2	标注井深	要按标注规则，正确标注井深	井深标错一处扣1分	10	

续表

序号	考核内容	考核要求	评分标准	配分	得分
3	标层位	要根据设计分层依据,正确标出地层层位	分层错一处扣2分;分层名称错扣2分	5	
4	绘制柱状剖面	要结合设计及邻井情况,合理地分析推算。将邻井岩性剖面、油水关系、特殊地层、标准层及复杂情况井段合理地推算到预告图剖面上	岩性剖面、油气水层、特殊岩性等每错一处扣2分;油气水层标注错一处扣5分;剖面推断错误较大时,该项不得分	50	
5	标注故障提示	要正确合理地把故障提示用符号或文字标注在相应位置	故障提示每漏一处扣2分;标错一处扣2分	15	
6	填备注栏	应在备注栏内注明需要完善的内容	内容不完整,每少一项扣2分	10	
			合计	100	
备注	时间为30min。要求绘制50m地质预告柱状图		考评员签字: 年 月 日		

3. 工具、材料、设备(表4-2)

表4-2 绘制地质报告图工具、材料、设备表

序号	名称	规格	单位	数量	备注
1	计算器		个	1	
2	绘图笔		套	若干	
3	直尺		把	若干	含长、短直尺
4	单、双面刀片		片	若干	
5	橡皮		块	若干	
6	绘图墨水		瓶	1	
7	透明标准计算纸		张	若干	
8	钻井地质设计		份	1	
9	邻井资料		份	若干	岩性、显示、工程事故等

六、相关知识

(一)构造地质及常用术语

① 地质构造。指组成地壳的岩层和岩体在内、外动力地质作用下发生变形,从而形成的褶皱、节理、断层、劈理以及其他各种面状和线状构造等。

② 等高线。指同一层面上高程相等的相邻各点投影在水平面上,并按地图比例尺缩小后连成的曲线。等高线是地图上表示同一层面高低起伏的一种常用方法。等高线稀疏说明地层较缓,等高线密集说明地层较陡。

③ 构造盆地。指在一定地史阶段内,受同一构造运动作用而形成的统一沉降区。

④ 坳陷、隆起。坳陷是盆地地质发育史上,以相对下降占优势的一级负向构造单元。隆起是盆地区域性长期上升占优势的一级正向构造单元。

⑤ 沉积中心。指盆地沉积物粒度最细的地带,它控制着盆地最主要的油源区。

⑥ 沉降中心。指盆地内沉降幅度最大、沉积物堆积最厚的地带。

⑦ 补偿性同沉积盆地。指沉降速度与沉积速度大致相当，即沉降幅度与沉积厚度相当的盆地。

⑧ 非补偿性同沉积盆地。指沉积速度与沉降速度不相当的盆地。如果下降速度比较快而沉积补偿比较慢时，就会使盆地沉积范围缩小，岩层之间出现退覆现象。当沉降速度比沉积补偿速度小时，不仅盆地逐渐被填平，而且还会出现岩层之间的超覆现象。

（二）常用的地质图件

① 地质图。按一定比例尺和图式，将一定地区内的各种地质体（地层、岩体及其构造断层、褶皱等）的分布及其相互关系，垂直投影到同一水平面上，用以反映本地区地壳表面的地质构造特征的图件，称为地质图。

② 地质剖面图。地质剖面是沿某一方向显示地下一定深度内地质构造情况的切面。按一定比例尺，表示地质剖面上的地质现象及相互关系的图件叫地质剖面图。

垂直岩层走向的地质剖面图称为地质横剖面图，平行岩层走向的剖面图称为地质纵剖面图。

③ 油气田构造图。是用等高线的方式表示某一岩层标准层层面起伏形态的平面投影图，反映地下的构造形态，也叫构造等高线图。其主要用途如下。

ⅰ．识别构造类型、轴向、高点位置、倾没、闭合面积、闭合高度、断层性质及分布情况，为油气田勘探与开发部署新井提供依据。

ⅱ．根据构造等高线图可以确定任何一点制图标准层的深度，结合综合柱状图可以确定制图层上下一定距离内的其他有工业价值的油气层深度，为勘探开发新井设计提供井深资料。

ⅲ．根据构造等高线图可以确定油气田不同地段地层（或油气层）产状参数。

ⅳ．利用构造图确定油藏的油水边界。

④ 地层等厚图。是将相邻井点间同一岩层相同厚度值，用圆滑的等值线连接起来，用以表示同一岩层厚度变化趋势的图件。

地层等厚图的绘制：等厚图的资料来源于录井或测井资料的对比结果，井点间的厚度变化是通过等值线来体现的。井点间的等值线用内插法作出，但要与沉积特点相一致。作图时应考虑在沉降中心厚度较大、在地层缺失区地层减薄的变化情况，勾绘的等值线要与图上各井点的厚度相吻合。

等厚图是利用直井的铅直厚度资料，当地层水平时，直井所穿地层的铅直厚度等于地层厚度；当地层倾斜时，铅直厚度大于地层厚度。所以在构造倾角有变化的地区，通常用地层真厚度作等厚图，也可根据需要作铅直厚度等值线图。

⑤ 古地质图。指紧贴在不整合面以下的岩层的地质图，也叫地下地质图。常与岩相古地理图、等厚图结合使用。它可以用来解释一些地质事件发生的时间、特点和程度，推测矿产分布，恢复地质发展史等。

（三）构造图上主要构造单元的识别及识图常识

1. 构造图上的主要构造单元

① 单斜。单斜岩层的变化特点是产状变化不大，等高线平行或大致平行。分布密度均匀，等高线的高程向同一方向增加，仅在局部产状有变化的地方等高线发生弯曲或疏密不等。

② 背斜和向斜。背斜的高程从顶部向外围减小，即海拔高的等高线在顶部，海拔低的等高线在翼部。向斜等高线的变化与背斜正好相反。背斜和向斜的等高线是封闭的曲线，若不封闭则为鼻状构造。

③ 鞍部。出现成串的背斜构造时，在各构造高点之间的就是鞍部。鞍部的特点是相邻背斜（向斜）的等高线都在该部位发生弯曲或转折。

④ 挠曲。产状平缓的岩层中，有一段地层突然变陡，在剖面上形成一种膝状弯曲叫挠曲。在构造图上的特点是局部范围内等高线由稀疏变密集又变稀疏。

⑤ 断层。在构造图上，断层线两侧构造等高线不连续，发生明显错动。直立断层切割背斜时，在构造图上是一条直线。断层倾斜时，在构造图上为两个圆弧，两圆弧之间没有等高线穿过，形成空白带为正断层；两个圆弧之间有等高线穿过，形成重叠交叉带为逆断层。

2. 构造图识图常识

① 等高线的疏密反映地层倾角的变化。等高线稀疏说明地层倾角小，等高线密集说明地层倾角大。

② 构造图的等高线是从海平面开始计算的。低于海平面的等高线在深度数字前加负号，海平面以上的数字越大，表示越高，相反，海平面以下的数字越大表示越低。

③ 同一条构造等高线上的各点的标高相等，不同构造等高线一般不重合，不相交切。重合处表示岩层为直立状，相交处表示岩层倒转。

（四）在构造图上测量地层产状

构造图上测地层产状情况如图 4-1、图 4-2 所示。

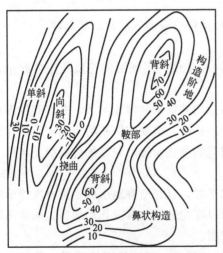

图 4-1　各种构造在构造图上的表现

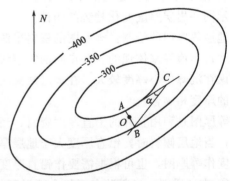

图 4-2　在构造图上求地层产状示意图

① 在构造图上标出井位。

② 在井位上方的等值线上作切线走向线。

③ 在设计井 O 作切线的垂线，交切于 A，交下方等高线于 B。

④ 过 A 作 AB 的垂线，截取等于上下高程的差值按构造图上的比例尺 AC，连接 CB，构成直角三角形，$\angle ABC$ 就是地层倾角。

⑤ 用量角器量出地层倾角，也可用计算法求出地层倾角，其计算公式为

$$\tan\alpha = \frac{AC}{AB} = \frac{两等高线之差}{两等高线水平距离}$$

⑥ 根据图上标的正北方向，用量角器量出地层走向。
⑦ 地层走向角加 90°即为倾向，若大于 360°，则与 360°的差值即为倾向。

任务二　绘制岩屑录井综合图

一、学习目标

熟练掌握岩屑录井综合图的绘制规范，能够绘制各种岩屑录井综合图。

二、任务实施

（一）碎屑岩岩屑录井综合图的绘制

1. 绘制图框

根据统一的图幅格式绘制综合录井图图框。

2. 绘制图名、图头表

① 图名：××盆地（坳陷）××构造（圈闭）××井录井综合图。
② 绘制图头表：图表内容有地理位置、构造位置、坐标、海拔、井别、设计井深、完钻井深、开钻、完钻、完井日期、井底层位、录井单位、套管程序、绘图日期、绘图人、校对人、审核人等，绘制方法见本项目相关知识部分的绘制规范。

3. 编绘正图

① 地层：填写该段地层所属的界、系、统、组、段、层的中文名称。
② 气测曲线：用全烃（全量）含量数据绘制曲线。在异常井段处用直线段画成 5 个等份框格，分别填写甲烷、乙烷、丙烷、异丁烷和正丁烷组分相对百分含量。
③ 钻时曲线：按相应规范绘制，用规定符号将起下钻符号标绘在钻时曲线右侧。详见本项目相关知识部分的绘制规范。
④ 自然电位或自然伽马曲线：透绘时要根据实际情况选用曲线种类，碳酸盐岩要增加声波时差曲线。
⑤ 井深：标注井深时每 25m 用阿拉伯数字标注一个井深，每 100m 标出井深全值，完钻井深以钻具井深为准。
⑥ 颜色：按统一规定的颜色色号逐层填写。
⑦ 绘制岩性剖面：按相应的绘制规范，将校正后的综合解释结果用统一规定的符号和图例绘制成岩性粒级剖面。详见本项目相关知识部分的绘制规范。
⑧ 层理构造及含有物：用规定的符号在相应深度绘制其层理构造及含有物。
⑨ 取心井段：在取心井段的顶底界深度画横线，中间标出收获率。
⑩ 井壁取心：用规定符号按标准规范在相应深度标出。
⑪ 视电阻率曲线：根据实际情况选用曲线种类，按相应绘制规范透绘。
⑫ 槽面显示：用规定的符号按标准规范将油花、气泡、井涌、放空、井漏情况标绘在显示开始的位置。
⑬ 钻井液性能曲线：要绘制相对密度和黏度两条曲线。相对密度用实线表示，黏度用虚线表示。

⑭ 测井解释：根据测井解释成果图中的井段和结果，用规定的符号绘制。
⑮ 综合解释：根据地质综合解释结果，在相应井深用规定符号绘制。

4. 完善图幅、绘制图例

按绘制规范绘制各项图例。

(二) 碳酸盐岩岩屑录井综合图的绘制

1. 绘制图框

根据统一的图幅格式绘制碳酸盐岩岩屑录井综合图图框。

2. 绘制图名、图头表

(1) 图名

××盆地（坳陷）××构造（圈闭）××井碳酸盐岩岩屑录井综合图。

(2) 绘制图头表

① 取心层位：填写地层层位。
② 取心进尺：填写累计取心进尺。
③ 岩心长度：填写累计岩心进尺。
④ 岩心收获率：填写岩心总收获率。
⑤ 地理位置、构造位置、井别、完钻井深、完钻层位、开钻日期、完钻日期、完井日期，绘图单位、校对人、绘图人、审核人填写同碎屑岩岩屑录井综合图的规定。

3. 绘制正图

① 钻时曲线用不同的横向比例将相邻两点用点画线形式绘制。用规定符号，将起下钻符号标绘在钻时曲线右侧。
② 自然伽马和声波时差曲线根据实际情况选取。
③ 井径曲线用短画线表示钻头直径。
④ 井深每2m标注一个深度线，每10m标全井深。
⑤ 取心次数、心长、进尺、收获率按实际取心数据填写，用横线表示每次取心顶底界深度。取心次数居上，心长、进尺居中，收获率居下。
⑥ 岩心位置按测井曲线归位后，用岩心筒次规定符号表示，绘制规范同岩心录井草图。
⑦ 岩样位置按归位后的深度在岩心位置线上，用垂直于岩心位置的横线段表示。样品号逢5的整数倍用5mm线段，其余用3mm线段，逢10的整数倍用阿拉伯数字表示样品累计块数。
⑧ 中途测试成果用汉字和阿拉伯数字在相应井段内填出测试后流体的性质和产能。
⑨ 地层、颜色、岩性剖面、槽面显示、视电阻率曲线、钻井液性能曲线、测井解释、综合解释填绘同碎屑岩岩屑录井综合图绘制规定。

三、注意事项

① 数据要准确无误，不得有错别字，图上所用阿拉伯数字的字体要均匀一致，汉字要用仿宋体填写，图件要清洁美观。
② 各种曲线要均匀、平滑，幅度、深度误差不超过0.5m。
③ 综合解释剖面要按粒度剖面格式绘制，剖面上的岩性和含油性必须与图上各项资料吻合。
④ 图上各种曲线名称、单位、比例要在正图各栏首标注清楚，曲线和含量线单位要与数据在一条直线上。各种曲线上下必须顶图框，纵、横误差不能大于0.5m。
⑤ 全井解释原则要上下一致，复杂井段可参考其他因素解释。
⑥ 综合解释剖面岩性时，要充分运用岩屑、岩心、井壁取心、钻时及各种测井资料，

综合分析，合理解释。

⑦ 综合解释剖面时，要分组段找出标准泥岩、砂岩或油层特征，作为解释对比标志。

⑧ 综合解释剖面上的岩层层序要与岩屑描述相符，否则，应复查岩屑，并对岩屑描述记录进行校正；钻井取心井段要与岩心剖面相符。

⑨ 应用测井曲线时，在同一井段必须用同一次测得的曲线，不能将前后几次的测井曲线混合使用。

⑩ 录井井段一般要绘制 1∶500 录井综合图。碳酸盐岩地层录井井段增加 1∶200 录井综合图。

四、任务考核

1. 考核要求

① 如违章操作，将停止考核。

② 考核方式：本项目为实际操作任务，考核过程按评分标准及操作过程进行。

2. 评分标准（表4-3）

表 4-3　绘制岩屑录井综合图评分标准

序号	考核内容	考核要求	评分标准	配分	得分
1	绘制图框	要求按统一的图幅格式绘制录井综合图框。要求外框线用 0.9mm 线条绘制，内框隔线用 0.6mm 线条绘制，其他线条均用 0.3mm 线条绘制	未按标准，错一项扣 1 分	2	
2	绘制图名	按规范绘制××井综合录井图图名	绘错扣 2 分	2	
3	绘制图头表	按规范绘制图头表，并按照规范填写相关内容	未按规范，错一项扣 0.5 分，少填一项扣 0.5 分	2	
4	填写地层	要求填写该段地层所属的界、系、统、组、段、层的中文名称。并在相应深度划出分界线，用规定符号表明地层间的接触关系	未按要求，错一处扣 0.5 分，少填一项扣 0.5 分	2	
5	气测曲线	要求用全烃含量数据绘制曲线。并在异常井段处用直线段画成 5 个等份的框格，分别填写甲烷、乙烷、丙烷、异丁烷和正丁烷组分相对百分含量。要求能够根据读值变化，按照规范取适当比例尺绘制，不得随意变换。连线时应将相邻两读值点连接成实线折线	未按操作规范，错一处扣 1 分，比例选择不合适扣 1 分，连线错误每处扣 0.5 分	7	
6	钻时曲线	按照规范在相应栏目处绘制钻时曲线。要求深度标绘成点画线，并能根据情况适当变换比例，不得随意更换。并要求用规定符号将起下钻符号标在钻时曲线右侧	未按照规范，错一项扣 1 分；比例选择不合适扣 0.5 分；起下钻符号错一处扣 0.5 分	5	
7	自然电位或自然伽马曲线	要求能根据实际情况合理选用曲线种类。选择曲线绘制时要按照电测曲线透绘标准执行。应该注意同一井段多次测井时的透绘规则。对于大段超出栏外的电测曲线，要按照规范适当左右平移，并用箭头表示平移方向，在平移处注明新的比例尺	未按标准操作，错一项扣 1 分；曲线选择错误扣 1 分；透绘未按标准，错一处扣 0.5 分	6	
8	标注井深	按井深规范标注。要求 25m 用阿拉伯数字标注一个个位和十位数井深，每 100m 标出全井深，完钻井深以钻具井深为准	未按标准操作，错一项 0.5 分；井深标错一处扣 0.5 分	2	

续表

序号	考核内容	考核要求	评分标准	配分	得分
9	填写颜色	按统一的色号逐层填写。对于厚度小于0.5m的标志层、标准层、特殊岩性层应按照填写规范填写,不能一概而论	未按标准操作,错一项扣0.5分;特殊岩性层填错一处扣0.5分	2	
10	绘制岩性剖面	校正深度误差:要求选钻时曲线、测井曲线上有明显特征的岩性层进行对比,确定钻具井深与电缆深度误差	未按标准,计算错扣2分	20	
		落实岩性:要求以测井曲线的深度为准,以落实后的岩性逐层绘制,层界绘在毫米整格线上	未按标准,岩性落实错,每处扣1分		
		综合解释:要求根据录井资料、测井曲线等综合分析后,做出综合解释。对于录井剖面与电性不吻合情况,要求能借助井壁取心资料,复查岩屑后,做出正确解释,并在备注栏中说明	解释方法错扣2分;无复查记录扣2分;未按标准,岩性落实错,每处扣1分		
		测井与综合解释:要求油气层深度、厚度根据录井资料、测井曲线进行综合解释。若井解释层与测井解释层对应时,可按测井解释绘制;否则应综合分析后再进行绘制	未按标准,综合解释与测井对应错,每处扣2分		
		含油级别:按标准图例绘制	标注错,每处扣1分		
		粒度剖面:按统一规定符号逐层绘制岩性粒度剖面,并用规定符号表明地层接触关系	岩性错误,每处扣1分		
11	化石构造	要求用规定的符号在相应深度绘制。岩性条带画在本栏内,岩性与电性相符,条带尖端要求指向与之相对应的电性蓝线	未按标准操作规程,每处扣0.5分,标注错每处扣1分	3	
12	钻井取心	按操作规范在相应栏内绘制取心井段的顶、底界深度,并标出收获率	标注错,每处扣2分	7	
13	井壁取心	用规定符号在相应深度标出,尖端指向取心深度。对于同一深度有数颗相同岩性或同一深度有数颗岩性、含油级别不同的井壁取心时,应按照绘制规范依次绘出,要求尖端仍指向取心深度	未按规范操作,错一处扣0.5分	7	
14	电阻率曲线	要根据实际情况选用曲线种类。对于大段超出栏外的曲线段,可按照规范根据情况适当左右平移,并用箭头表示平移方向,在平移处注明新的比例尺。对于一口井分数次测井时,应按照重复井段透绘规范执行	曲线选错扣2分;未按标准透绘,每处扣1分	5	
15	槽面显示	用规定的符号将油花、气泡、井涌、放空、井漏情况标绘在显示开始位置,并在相应位置标注相应情况的具体内容	未按标准,标错一处扣0.5分	2	
16	钻井液曲线	绘制相对密度和黏度两条曲线。相对密度用实线表示,黏度用虚线表示	未按标准,每画错一处扣2分	4	
17	测井解释	根据测井解释成果图中的井段和结果,用规定的符号绘制	未按标准,画错一处扣2分	7	

续表

序号	考核内容	考核要求	评分标准	配分	得分
18	综合解释	根据地质综合解释结果,在相应井深用规定符号绘制	未按标准,画错一处扣2分	10	
19	完善图幅	按绘制规范绘制各项图例	未按标准,画错一处扣1分	5	
			合计	100	
备注	时间为150min。要求绘制200m井段含油气显示层		考评员签字: 年　月　日		

3. 工具、材料、设备（表4-4）

表4-4　绘制岩屑录井综合图工具、材料、设备表

序号	名称	规格	单位	数量	备注
1	观察记录		份	若干	全井
2	钻时记录		份	若干	全井
3	气测分析记录		份	若干	全井
4	钻井液分析记录		份	若干	全井
5	岩屑描述		份	若干	全井
6	岩心描述		份	若干	全井
7	井壁取心记录		份	若干	全井
8	测井资料		份	若干	全井
9	丁字尺		个	1	
10	直尺		个	1	
11	铅笔		支	若干	
12	橡皮		块	1	
13	刀片		片	若干	
14	绘图笔		支	若干	
15	绘图纸		张	若干	
16	绘图墨水		瓶	1	
17	透图台		张	1	

五、相关知识

（一）岩屑录井综合图绘制规范

1. 打印纸去蜡

将透明标准计算纸背面用橡皮轻轻擦一遍,在背面绘制。

2. 绘制图框

根据统一的图幅格式绘制录井综合图图框。图外框线用0.9mm线条绘制，内框隔线用0.6mm线条绘制，其他线条均用0.3mm线条绘制。

3. 绘制图名、图头表

(1) 图名

××盆地（坳陷）××构造（圈闭）××井录井综合图。

(2) 绘制图头表格

图头大字下空25mm，按统一规定格式，用0.6mm线条绘制图头表格。表内用等线体或仿宋体书写。

① 地理位置　填写本井所在省（自治区）、市（自治州）、县（自治旗）、乡、自然村（屯）或距测量标志的方位、距离。

② 构造位置　填写本井所在盆地（坳陷）、一级构造、二级构造、三级构造、局部构造（圈闭）位置。

③ 坐标、海拔　坐标：填写井位复测坐标，若无则按设计坐标填写，但应注明。海拔：填写复测地面海拔，补心海拔按地面海拔高程与补心高之和填写。单位为m，保留两位小数。

④ 井别、设计井深　按地质设计书填写。

⑤ 完钻井深　填写实际完钻的井深（包括完钻电测后加深的井深，单位为m，保留两位小数）。

⑥ 开钻、完钻、完井日期　用阿拉伯数字填写。

⑦ 井底层位　填完钻时井底地层层位。

⑧ 录井单位　填写施工的录井队队号。

⑨ 套管程序　填写表层套管、技术套管、油层套管外径（单位为mm，保留一位小数）及下深（单位为m，保留两位小数）。

⑩ 绘图日期　填写绘图结束时的日期。

⑪ 绘图人、校对人、审核人　填写姓名。

4. 图头表格下空40mm，在距表格底线20mm处居中位置书写相应的比例尺

5. 正图绘制规范

(1) 地层

填写该段地层所属的界、系、统、组、段、层的中文名称。按地层数据，在相应深度划出分层界线，并用规定符号表明地层间的接触关系。地层名称的第一个字均顶格写，最末一个字填写在地层底界处，其他字等间距。

(2) 气测曲线

① 用全烃数据绘制曲线　要综合录井仪资料用全烃数据绘制曲线。在异常井段处用直线段画成五个等份框格，分别填写甲烷、乙烷、丙烷、异丁烷和正丁烷组分分析百分含量。

② 根据读值变化选取适当的比例尺，不得随意变换　个别读数值增高井段在右端靠近项目线处标注读数，如读数连续增高井段在30m以上，原比例尺无法运用时，可变换比例尺，并将其标注在相应深度处。

③ 曲线为用直线段将相邻两读数值点连接成的实线折线。

(3) 钻时曲线

① 按项目栏的横向比例及录井间距在相应的深度标绘成点画线（计算机绘图为实线）。

② 绘制过程中，若变换比例，应将比例尺标注在更换处。采用第二比例时，上下必须各重复一点。

③ 全井比例尺要适当，不得随意更换，个别增高值画不下时，在本栏靠近右边框处标注数值。若连续增高 30m 以上时，可更换比例。

④ 起、下钻按规定符号标绘在钻时曲线右侧（距本栏右边界 15cm 处）。若遇起、下钻频繁时，可适当错开，在箭头右侧标注起、下钻日期，起钻日期标在横线上方，下钻日期标在横线下方。如图 4-3 所示。

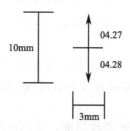

图 4-3　起下钻日期标注图

(4) 自然电位或自然伽马（或声波时差）曲线

① 根据实际情况选用曲线种类。

② 用 1∶500 标准曲线透绘，曲线要均匀、光滑、不变形，深度每 50m 控制，误差随描随校正，深度及幅度误差不超过 0.5mm。碳酸盐岩需透绘 1∶200 组合测井曲线。

③ 同一井段多次测井时，应透绘第一次测井曲线，两次电测衔接处曲线重复不少于 10m，并在接图处用阿拉伯数字标注测井日期（年、月、日）。

④ 选择适当的基线，避免曲线超出栏目外。若有大段超出栏外，则可适当左右平移，一般应选在泥岩段进行平移，平移时用水平线连接平移点，并用箭头表示平移方向，在平移处注明新的比例尺。

(5) 井深

碎屑岩录井综合图，每 25m 用阿拉伯数字标注一个井深，每 100m 用阿拉伯数字标出井深全值，完钻井深以钻具井深为准。碳酸盐岩录井综合图，每 2m 标注一个深度线，每 10m 用阿拉伯数字标注井深全值，标注处的深度线顶满本栏右边框，标全井深时靠右边框画 5mm 的横线，其他画 3mm 的横线。

(6) 颜色

按标准图例规定的色号逐层填写颜色。厚度小于 0.5m 的标志层、标准层、特殊岩性层应扩大为 0.5m 填写，其他层可不填。

(7) 岩性剖面

① 选取钻时曲线、测井曲线上都有明显特征的岩性层进行对比，确定钻具井深与电缆深度的误差，井深在 3000m 以内时，误差不大于 1‰；井深在 4000m 以内时，误差不大于 1.5‰；井深大于 4000m 时，误差不大于 2‰；否则应复查钻具或校正电缆深度。

② 综合解释剖面以测井曲线的深度为准，以落实后的岩性逐层绘制。用组合测井曲线

划分薄层及特殊岩性层；用自然电位（自然伽马或声波时差）曲线半幅点及视电阻率曲线的最小值、最大值划分岩层的顶、底界；层界绘在毫米整格线上。一般情况下，同一层内只画一排岩性符号，不必画分隔线，若层厚度大于10m时可适当加密。

③ 根据录井资料、测井曲线等各项资料进行综合分析后，做出综合解释，并按剖面解释规范标准进行绘制。若出现录井剖面与电性不吻合时，应借助井壁取心资料，复查岩屑后，做出正确解释，并在备注栏中说明。

④ 综合解释剖面的岩性与草图剖面上的岩性，允许有一个取样间距的误差。

ⅰ. 单层厚度小于0.5m的标志层、标准层、油气显示层可扩大为0.5m解释，其他岩性按条带处理。

ⅱ. 钻井取心段的岩性，根据1∶100岩心图进行缩绘。

ⅲ. 因井喷、井漏或其他情况造成岩屑漏取，又无井壁取心资料时，可参考钻时和电性进行解释，但不填色号。

⑤ 油气层深度、厚度根据录井资料、测井曲线综合解释。若录井解释层与测井解释层对应时，可按测井解释绘制；否则应综合分析后再进行绘制。

⑥ 含油级别按标准图例绘制。

⑦ 按统一规定符号逐层绘制岩性粒度剖面，并用规定符号表明地层接触关系。

(8) 层理构造及含有物

① 将岩石所具有的层理构造及含有物用规定的符号画在相应的位置。

② 岩性条带画在本栏内，岩性与电性相符，条带尖端指向与之相对应的电性曲线。

(9) 取心井段

在取心井段的顶、底界深度画横线，上、下用箭头表示，中间标出收获率。见图4-4。

绘制碳酸盐岩综合录井图时，取心次数、心长、进尺、收获率按钻井取心统计表填写，用横线表示每次取心顶界深度，且顶满左右边栏，在顶界横线下用阿拉伯数字写出取心次数，并用小括号括住，在中部标出6mm横线，将心长、进尺分别标在上、下边，在靠近底边的位置写出收获率。

(10) 井壁取心

用统一规定符号标出井壁取心，尖端指向取心深度。同一深度有数颗相同岩性时，可在根部后标注颗数；若同一深度有数颗岩性、含油级别不同的井壁取心时，应在同一水平线上由左向右依次绘出。若密度过大，可将符号依次向后移动12mm，尖端仍指向取心深度。井壁取心符号如图4-5所示。

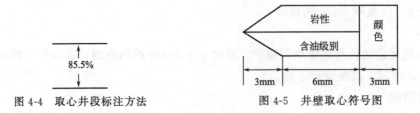

图4-4 取心井段标注方法　　图4-5 井壁取心符号图

(11) 视电阻率曲线

① 根据实际情况选用曲线种类。引进测井系列用双侧向曲线，国产系列用2.5m底部梯度曲线。每条曲线应注明基线位置和幅度比例尺及单位。

② 若有大段超出栏外，则可适当左右平移，一般应选在泥岩段进行平移。平移时用水平线连接平移点，并用箭头表示平移方向，在平移处注明新的比例尺。

③ 若一口井分数次测井，在重复井段只画第一次测井曲线，两次电测衔接处曲线重复不少于 10m，并在接图处用阿拉伯数字标注测井日期（年、月、日）。

（12）槽面显示

用规定的符号将油花、气泡、井涌、放空、井漏情况标绘在显示开始的位置。符号右侧标注油花、气泡、占槽面百分比、井喷高度（单位为 m，保留整数）、井涌、井漏、放空，符号上部的横线绘在对应的井深，符号右侧标注井涌高度（单位为 cm）、漏失量（单位为 m^3/h）、放空井段（单位为 m）。

（13）其他项目

其他项目与本部分工作程序中的绘制解释相同。

6. 完善图幅，绘制图例

（1）书写"图例"

在图框底边线下空 2.5cm 居中位置书写"图例"两字，布局要美观，字体大小为 2cm×2cm。

（2）绘制粒度剖面岩性符号

在"图例"两字下空 2.5cm 左侧绘制统一规定的粒度剖面岩性符号。各种岩性符号厚度为 1cm，在它的右侧用仿宋字（或等线体）书写岩石名称，在粒度剖面右侧绘制颜色、含油级别、解释成果、层理、构造、化石、含有物、起下钻等综合录井图中使用的各种符号。

① 图例符号外框长 2.5cm，宽 1cm，列距 2.5cm，行距 2cm。框下边用仿宋字（或等线体）书写符号名称，字体大小为 0.7cm×0.5cm。

② 颜色图例自左而右，色号由小到大依次排列，在图框内用阿拉伯数字书写色号。

③ 测井解释及综合解释成果图例，自左向右按含油级别由低到高排列。

④ 层理、构造、化石、含有物、条带、结核、井涌、井喷、放空、井壁取心、起下钻等符号，均按标准图例绘制。

（3）书写技术说明

有的油田还需要在图例下 30mm 处用仿宋字（或等线体）书写技术说明，主要包括以下几方面。

① 测井资料及各种分析、化验资料的使用情况。

② 钻井中油气显示及中途测试、原钻机试油等情况。

③ 放空、井涌、井喷、井漏及工程事故处理情况。

④ 其他需要说明的问题。

（二）岩屑录井综合剖面的解释

岩屑录井综合剖面的解释是在岩屑录井草图的基础上，结合其他各项录井资料，综合解释后得到的剖面。它与岩屑录井草图相比，更能反映地下地层的客观情况，具有更大的实用价值。

1. 解释原则

① 以岩心、岩屑、井壁取心为基础，确定剖面的岩性，利用测井曲线，卡准不同岩性的界线，同时必须参考其他资料进行综合解释。

② 油气层、标准层、标志层是剖面解释的重点，对其深度、厚度均应依据多项资料反复落实后进行确定。

③ 剖面在纵向上的层序不能颠倒，力求反映地下地层的真实情况。

2. 解释方法

(1) 确定剖面校深

根据岩屑录井剖面与标准测井曲线对比，选择岩性、电性、钻时曲线特征明显的标志层，如薄层生物灰岩、油页岩、灰质砂岩等进行深度校正，确定剖面上提或下放的校深差值。一般情况下随着井深的增加系统误差会增大。

(2) 确定剖面岩性

岩性确定必须以岩心、岩屑、井壁取心为基础，其他资料只作参考。具体方法为：

① 将录井剖面与测井曲线进行比较，确定岩性与电性的吻合层及不吻合层，对于吻合层的岩性按测井深度逐层画在综合解释剖面中。

② 对于岩性与电性不吻合层，应根据录井剖面，复查该层上下各一包岩屑的代表性，若这种岩性与电性相符，可作为综合解释剖面中该层的岩性。若该层上下各一包岩屑的岩性与电性不符，又无井壁取心资料供参考时，则应复查岩屑。

③ 经复查岩屑仍存在岩电矛盾层时，应参考井壁取心的岩性进行解释。

④ 井壁取心的岩性与岩屑岩性不一致，而电性相符时，应综合分析，确定所解释剖面的岩性。

⑤ 井壁取心的岩性与岩屑岩性和电性均不一致时，井壁取心岩性可作条带处理，或画薄夹层。

⑥ 在综合解释剖面上应反映井壁取心的岩性。

⑦ 钻井取心段解释剖面的岩性应与岩心的岩性相吻合。

⑧ 确定岩性时，一般单层厚度小于 0.5m 时，可不进行解释，作夹层处理。但油气显示层、标准层、标志层及特殊岩性层，应扩大至 0.5m 进行解释。

(3) 确定剖面岩性的分层界线

① 根据标准曲线中 2.5m 底部梯度的极大值和自然电位（或自然伽马）半幅点卡取岩层底界，而以 2.5m 底部梯度曲线的极大值、极小值和自然电位（或自然伽马）半幅点卡取岩层顶界。

② 对一些具特殊地质意义的薄层，标准曲线上不能很好地反映时，可根据微电极曲线或其他测井曲线划出分层界线。

③ 分层以 0.5m 为最小分层单位，厚度大于或等于 0.5m 的岩性均应分层解释；小于 0.5m 者，一般岩性可以不做解释，而做条带处理，但对成组的薄互层应适当解释。

④ 钻井取心段（或岩屑）油气显示层、标准层和特殊层岩性层的厚度大于或等于 0.2m，而小于 0.5m 时，均应扩大为 0.5m 解释。

⑤ 对测井解释的油气层界线，可根据测井解释成果表提供的数据，在剖面上画出，并与油气层综合数据表一致。

⑥ 一般情况下，不同岩性的分层界线应画在整毫米线上，而测井解释的分层界线不一定画在整毫米线上，应按实际深度画出。

⑦ 与岩屑草图对应的解释剖面上扩大（或缩小）的岩层厚度，一般不能超过草图厚度的 2 倍。

3. 剖面解释过程中几种情况的处理

（1）复查岩屑

复查岩屑时一般应在相应层的岩屑中查找，若相应层找不到所需的岩性时，可在该层上、下相邻层中查找。但不能超过上、下一包岩屑的界线，否则，解释剖面将被歪曲。

① 若复查到的岩性与电性特征相符但数量很少时，或经查确为描述错误时，可将复查找到的岩性作为综合剖面相应层位的岩性，并在描述记录中注明复查出的岩性。

② 若复查仍未找到与电性特征相符的岩性时，可仔细分析各种测井资料，把该层与上、下邻层的电性特征相比较。若特征一致，可采用邻层相似的岩性，但应在备注栏内说明。

③ 若复查原描述正确，而测井曲线反映不明显时，剖面上仍采用原来描述的岩性。

（2）剖面归位时井壁取心的应用

① 应用时要综合分析，仔细研究，才能做到应用恰当，解释合理。

② 若井壁取心与岩屑录井岩性不一致，而与电性曲线相符时，综合解释剖面可用井壁取心的岩性。若井壁取心岩性与岩屑录井岩性一致，而与电测曲线不符时，综合解释剖面仍用岩屑录井岩性。若井壁取心岩性与岩屑录井岩性不一致，且与电测曲线不符时，井壁取心岩性作为条带处理。

③ 在油气层段，若井壁取心与原描述含油级别不一致时，不能简单地以条带处理，应仔细复查相应层段岩屑后，再做结论。

（3）剖面深度的校正

若标准测井曲线与组合测井曲线的深度有误差时，应以标准测井曲线深度为准，即用2.5m底部梯度曲线、自然电位曲线或自然伽马曲线划分地层岩性和分层界线。若2.5m底部梯度曲线与自然电位曲线深度有误差时，应将这两条曲线与其他电性曲线进行对比，选取与别的电性曲线深度一致的那条曲线作为综合解释剖面的深度标准。

（三）岩屑录井综合录井图绘制格式（图4-6，图4-7）

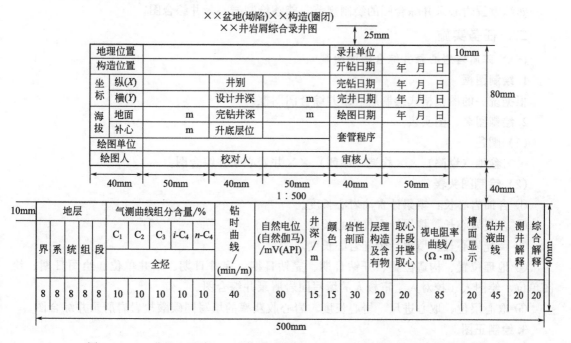

图4-6 ××盆地（凹陷）××构造（圈闭）××井岩屑综合录井图绘制格式

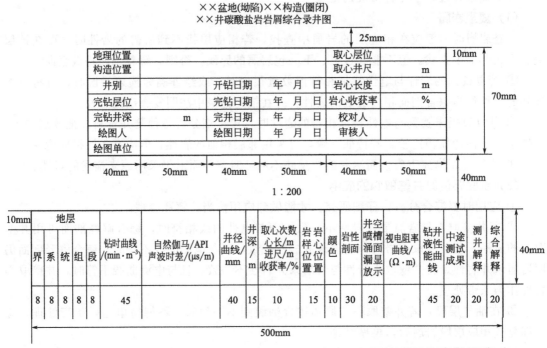

图 4-7　××盆地（凹陷）××构造（圈闭）××井碳酸盐岩岩屑综合录井图绘制格式

任务三　绘制岩心录井综合图

一、学习目标

熟练掌握岩心录井综合图的绘制规范，能够绘制岩心录井综合图。

二、任务实施

（一）碎屑岩岩心录井综合图的绘制

1. 绘制图框

根据统一的图幅格式绘制岩心录井综合图图框。

2. 绘制图名、图头表

（1）图名

××盆地（坳陷）××构造（圈闭）××井岩心录井综合图。

（2）绘制图头表

① 含油岩心长：填累计含油岩心长度。

② 含气岩心长：填累计含气岩心长度。

③ 荧光岩心长：填累计荧光岩心长度。

④ 地理位置、构造位置、开钻日期、完钻日期、完井日期、录井单位、绘图日期、绘图单位、绘图人、校对人、审核人的填写同岩屑录井综合图。

⑤ 取心层位、取心进尺、岩心长度、岩心收获率的填写同碳酸盐岩岩屑录井综合图。

3. 绘制正图

① 地层：用汉字填写钻井取心所对应的地层名称。

② 孔隙度（%）、渗透率（$10^{-3}\mu m^2$）、含油饱和度（%）值：均按比例在各自栏内用横线段表示，深度应与样品位置一致。

③ 自然电位或自然伽马曲线及视电阻率曲线：根据实际情况选用曲线种类，用1：100的比例放大曲线透绘。其他情况同岩屑录井综合图。

④ 井深：每米标注一个横线，逢10m标全井深，其他整米井深只标井深个位。

⑤ 取心次数、心长、进尺、收获率：同碳酸盐岩岩屑录井综合图。

⑥ 岩样位置、岩心位置：岩心位置应根据电性归位后的具体位置，分单筒（奇数）、双筒（偶数），用统一规定符号进行绘制。样品位置按归位后的深度，在岩心位置线上用垂直于岩心位置线的直线段表示。

⑦ 颜色：岩心归位后，按统一符号逐层填写颜色号。

⑧ 绘制岩性剖面：综合分析各项资料，将合理归位后的岩性，用规定的粒度剖面符号逐层绘制岩性剖面，并用规定符号表明地层的接触关系。

⑨ 层理结构及含有物：根据岩心描述，在相应深度用标准图例符号画出。

⑩ 拉压长度：拉压长度用正、负阿拉伯数字标注在相应位置。

⑪ 岩性及油气水综述：根据剖面上的岩性特征，分段综述岩性的纵向特征、岩性组合关系和含油气情况。

4. 完善图幅，绘制图例

图幅的完善和图例的绘制同岩屑录井综合图绘制规范。

（二）碳酸盐岩岩心录井综合图的绘制

1. 绘制图框

根据统一的图幅格式绘制碳酸盐岩岩心录井综合图图框。

2. 绘制图名、图头表

① 图名：××盆地（坳陷）××构造（圈闭）××井碳酸盐岩岩心录井综合图。

② 绘制图头表：同碎屑岩岩心录井综合图。

3. 绘制正图

① 井径曲线：用短画线表示钻头直径（单位为mm）。

② 岩石结构及次生矿物：将岩石所具有的结构和次生矿物用标准规定符号画在相应的位置。

③ 槽面显示：用规定的符号按标准规范将油花、气泡、井涌、放空、井漏情况标绘在显示开始的位置。

④ 岩性、缝洞及油气水综述：分段综述岩性、物性、缝洞发育程度及含油、气、水性。

⑤ 地层、自然伽马曲线、颜色、岩性剖面的绘制同碎屑岩岩心录井综合图。

⑥ 岩样位置、岩心位置、取心次数、心长、进尺、收获率的绘制同碳酸盐岩岩屑综合录井图。

⑦ 测井解释、综合解释的绘制同碎屑岩岩屑录井综合图。

三、注意事项

① 数据要准确无误；曲线要均匀、平滑；幅度、深度误差不超过0.5m。

② 钻具井深与测井深度误差不大于千分之一。

③ 绘制剖面时，应根据分段长、系统误差、拉压情况及累计井深进行合理绘制。

④ 分段取心时，除图边框连续绘制外，图内各栏均应断开2cm，以示分段并标注井深。

⑤ 在取心井段顶部要留出 3~5cm 空余位置，井深从取心井段顶深以上的 5cm 或 10cm 粗格上开始标第一个井深。

⑥ 两次取心之间，非取心井段小于 10m 时，按连续取心编绘岩心图。

⑦ 岩心归位找出的岩电差，要符合上提下落的规律，否则必须重新找到合理的岩电差，才能进行归位画剖面。

⑧ 岩性综述中所提到的岩性和含油性，在归位剖面中要存在。

⑨ 填写颜色符号时，除特殊岩性和含油岩性外，一般小于 0.4m 的单层可不填色号。

⑩ 绘油层物性数值较大时，在横线末端标数字，不能画超栏直线。

⑪ 连续取心进尺 10m 以上（含 10m）要编制岩心录井综合图；见油气显示，不足 10m 也要编制岩心录井综合图。

⑫ 同一井中碎屑岩、碳酸盐岩均取岩心的，应分别绘制岩心录井综合图。

四、任务考核

1. 考核要求

① 如违章操作，将停止考核。

② 考核方式：本项目为实际操作任务，考核过程按评分标准及操作过程进行。

2. 评分标准（表 4-5）

表 4-5　绘制岩心录井综合图评分标准

序号	考核内容	考核要求	评分标准	配分	得分
1	绘制图框	要求按统一的图幅格式及规范绘制岩心录井综合图图框	未按标准，错一项扣 1 分	2	
2	绘制图名	××盆地（坳陷）××构造（圈闭）××井岩心录井综合图	填错扣 2 分	2	
3	绘制图头表	要求按照图表绘制规范绘制图表，并按填写规范填写相关内容	少填一项扣 0.5 分	2	
4	填写地层	按照填写规范，用汉字填写钻井取心所对应的地层名称	未按规范，填错一项扣 0.5 分	2	
5	填写物性分析数据	按规范填写孔隙度、渗透率、含油饱和度值。要求按比例在各自栏内用横线段表示，深度应与样品位置一致	未按标准，错一项扣 1 分	3	
6	透绘自然电位或自然伽马曲线及视电阻率曲线	要求根据实际情况合理选用曲线种类。要求用 1∶100 放大曲线透绘。对于曲线幅度变化较大时，要求根据规范选择合适井段进行平移，不能跨隔栏线，并用水平线连接平移点，用箭头表示平移方向。每条电测曲线应注明基线位置和幅度比例尺及单位	未按照规范绘制，错一项扣 1 分，曲线平移不合规范扣 1 分，曲线未注明比例扣 1 分	10	
7	标井深	按绘制规范在栏右侧标注井深。要求以 1∶100 放大曲线井深为准，逢 10m 及取心顶、底界标全井深，其他整米只标井深个位	未按标准，错一处扣 0.5 分	3	
8	标注取心情况	根据钻井取心统计表，按照填写规范标注取心情况	未按标准，错一处扣 1 分	5	

续表

序号	考核内容	考核要求	评分标准	配分	得分
9	标注岩心位置及岩样位置	根据电性归位后的具体位置，分单（奇数）、双筒（偶数），用一规定符号进行绘制。样品位置按归位后的深度，在岩心位置线上用垂直于岩心位置线的直线段表示	未按标准，错一处扣2分	5	
10	填写颜色	要求岩心归位后按统一色号逐层填写。厚度小于0.4m的单层颜色符号可不写，但特殊岩性和含油气岩性要填写颜色符号；要求被拉开解释或根据电性解释的岩性不填写色号	未按标准，错一处扣1分	5	
11	绘制岩性剖面	要求综合分析各项资料，将合理归位后的岩性，用规定的粒度剖面符号逐层绘制岩性剖面，并用规定符号表明地层的接触关系	未综合分析，未按标准，错一处扣2分	30	
		要求在岩心录井草图中选取收获率较高、电性特征较明显的岩心与1:100放大曲线进行对比，找出系统误差，再按测井深度校正岩心筒界；对于分段取心，要求求出各段系统误差，逐段校正。同一次测井曲线各段系统误差应符合电缆伸长规律	未按规范，每处扣1分；系统误差每错一处扣2分		
		要求根据岩心录井草图，以筒为单元，用标志层控制的方法进行岩心归位；以微电极曲线合理划分岩层顶、底界，控制岩层厚度。岩心归位不得超过本筒进尺。对于岩电不符时，要求进行复查岩心，并按照规范进行标注和归位	标志层找错，每处扣1分；归位错一处扣2分；岩电不符且未按规范标注和归位，错一处扣2分		
		要求根据情况在磨损面、破碎带处进行合理拉、压，达到岩电吻合	拉压错一处扣1分；岩电错误扣1分；未进行综合分析，错一处扣2分		
		收获率太低的部位，要求根据岩屑井壁取心、电性等资料进行综合解释	未进行综合分析，错一处扣2分		
		用粒度剖面绘制岩性剖面，并用规定符号表明地层的接触关系，按照含油级别绘制规范绘制在相应位置	岩性粒度错，每处扣2分；含油性错一处扣2分		
		对于单层厚度小于0.1m的标志层、标准层可扩大为0.1m外，其他岩性均作条带处理	未按标准，错一处扣2分		
12	层理结构及含有物	根据岩心描述，在相应深度用标准图例符号画出	错一处扣1分	5	
13	拉压长度	用正、负阿拉伯数字按标注规范在相应位置进行标注	未按规范，错一处扣2分	6	
14	岩性及油气水综述	要求根据剖面上的岩性特征，分段综述岩性的纵向特征、岩性组合关系和含油气情况	未按规范描述，错一处扣2分	15	
15	完善图幅	按绘制规范绘制各项图例	未按标准，画错一处扣1分	5	
			合计	100	
备注	时间150min，要求绘制2件10m以上岩心，且含油气显示		考评员签字： 年　月　日		

3. 工具、材料、设备（表4-6）

表4-6 绘制岩心录井综合图工具、材料、设备表

序号	名称	规格	单位	数量	备注
1	岩心录井草图		份	若干	10m岩心
2	岩屑描述记录		份	若干	10m岩心
3	岩心描述记录		份	若干	10m岩心
4	测井放大曲线		份	若干	取心段
5	计算器		个	1	全井
6	绘图仪		台	1	全井
7	丁字尺		个	1	全井
8	直尺		个	1	全井
9	铅笔		支	若干	
10	橡皮		块	1	
11	刀片		片	若干	
12	绘图笔		支	若干	
13	绘图纸		张	若干	
14	绘图墨水		瓶	1	
15	透图台		张	1	
16	资料整理室		间	1	要求岩心实物2件以上，心长10m以上

五、相关知识

（一）岩心录井综合图的绘制规范

1. 打印纸去蜡

将透明标准计算纸背面用橡皮轻轻擦一遍，在背面绘制。

2. 绘制图框

根据统一的图幅格式绘制岩心录井综合图图框。图外框线用0.9mm线条绘制，内框隔线用0.6mm线条绘制，其他线条均用0.3mm线条绘制。

3. 绘制图名、图头表

（1）图名

碎屑岩为××盆地（坳陷）××构造（圈闭）××井岩心录井综合图，碳酸盐岩为××盆地（坳陷）××构造（圈闭）××井碳酸盐岩岩心录井综合图。

（2）绘制图头表格

图头大字下空25mm，按统一规定格式，用0.6mm线条绘制图头表格。表内用等线体或仿宋体书写。部分填写规范如下（其他同工作程序部分）。

① 取心进尺、岩心长度、岩心收获率：按钻井取心统计表数据填写。取心进尺、岩心长度单位为m，精确到两位小数；岩心收获率用百分数表示，精确到一位小数。

② 含油岩心长：指油迹以上（包括油迹）含油级别岩心的累计长度，单位为m，精确到两位小数。

③ 含气岩心长：有气显示岩心的累计长度，单位为m，精确到两位小数。

④ 荧光岩心长：有荧光显示岩心的累计长度，单位为 m，精确到两位小数。

4. 图头表格下空 40mm，在图头表格与图框上边线之间居中位置书写比例尺 1∶100

5. 编绘图幅

(1) 自然电位（或自然伽马）曲线及视电阻率曲线

① 根据实际情况选用曲线种类。视电阻率曲线栏，引进测井系列测井用双侧向曲线，国产系列测井用微电极或微侧向曲线。

② 用 1∶100 放大曲线透绘，曲线要均匀、光滑、不变形，误差随描随校正。测井曲线幅度变化较大时，选在泥岩段进行平移，不能跨隔栏段。平移时用水平线连接平移点，并用箭头表示平移方向。每条电测曲线应注明基线位置和幅度比例尺及单位。

③ 同一井段多次测井时，应透绘第一次测井曲线。

④ 若有大段超出栏外，需变换比例尺时，可采用第二比例，变换时应从低值开始，重复画出该点，并注明比例尺。

(2) 井深

在井深栏右侧每 1m 间隔画长 3mm 的横线，每 10m 间隔画长 5mm 的横线。以 1∶100 放大曲线井深为准，逢 10m 及取心顶、底界标全井深，其他整米井深只标井深个位。

(3) 取心次数、心长、进尺、收获率栏

按钻井取心统计表填写，用横线表示每次取心顶界深度，且顶满左右边栏，在顶界横线下用阿拉伯数字写出取心次数，并用小括号括住，在中部标出 6mm 横线，将心长、进尺分别标在上、下边，在靠近底边上部写出收获率。

① 取心井段的深度按取心记录的钻具井深标绘，按取心井段画出每筒的顶、底界，把顶、底界深度标在筒界线上。连续取心只在每一筒顶部标出顶界深度，并在其下用阿拉伯数字标出本筒的取心筒次。最后一次取心或分段取心的最后一筒，在本筒底界标取心进尺。

② 在筒界中部划一横直线，上部标写本筒岩心长度，下部标写本筒取心进尺。取心进尺、岩心长度单位为 m，精确到两位小数。

③ 在筒界下部标写本筒的岩心收获率。岩心收获率用百分数表示，精确到一位小数。

④ 取心井段短，标不下时，采用上、下扩展的方法标出，顶、底深度标在扩展线上，如图 4-8 所示。

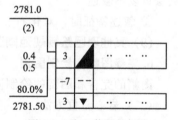

图 4-8 取心井段的标法

(4) 岩心位置及岩样位置

根据电性归位后的具体位置，单筒（奇数）次用线距 3mm 的两条直线段表示；双筒（偶数）次则靠左侧内 1mm 用黑色涂实心圆表示，右侧内 2mm 用空心圆表示；收获率为零的岩心位置线，用 3 条直线段表示，左边的线距为 1mm，右边的线距为 2mm。样品位置按归位后的深度，在岩心位置线上用垂直于岩心位置线的直线段表示。逢 5m 或逢 10m 用 5mm 长的线段表示，其余用 3mm 长的线段表示。

(5) 颜色

岩心归位后，按统一颜色符号逐层填写颜色号。小于 0.4m 的单层，其颜色符号可不写，但特殊岩性和含油气岩性要填写颜色符号；被拉开解释或根据电性解释的岩性不填写色号。

(6) 岩性剖面

① 确定系统误差。在岩心录井草图中选取收获率较高的井段，将电性特征比较明显的岩心与 1:100 放大曲线进行对比，找出系统误差，再按测井深度校正岩心筒界；分段取心时，应求出各段系统误差，逐段校正。同一次测井曲线各段系统误差应符合电缆伸长规律。

② 控制岩层厚度。根据岩心录井草图，以筒为单元，用标志层控制的方法进行岩心归位；以微电极曲线的极小值和极大值划分岩层顶、底界，控制岩层厚度。岩心归位不得超过本筒进尺。

③ 合理拉、压。因岩心破碎、磨损造成岩层厚度与电性分层厚度不吻合时，可在岩心磨损面、破碎带处进行合理拉、压，达到岩电吻合。

④ 收获率太低的部位，要根据岩屑、井壁取心、电性等资料进行综合解释。

⑤ 岩心归位时发现岩性与电性不符时，必须复查岩心顺序、岩性定名是否有误（不得随意更改岩性定名），复查结果无误时，保留原岩性，在岩性综述时，说明经复查岩性属实。

⑥ 用粒度剖面绘制岩性剖面，并用规定符号表明地层的接触关系；剖面的左侧 7mm 内绘制含油级别符号（稠油则在右侧绘制）。

⑦ 单层厚度小于 0.1m 时，除标志层、标准层可扩大为 0.1m 外，其他岩性均作条带处理。

(7) 压缩长度（单位为 cm）

将每段岩心的拉压长度用正、负阿拉伯数字标注在相应位置。拉长用"+"表示，压缩用"—"表示。破碎段在图上相应两个缺口之间，分别用符号"△""△△""△△△"表示轻微破碎、中等破碎及严重破碎。

(8) 岩性及油气水综述

① 根据剖面上的岩性特征分段综述，可以跨筒次，但不能跨层位。

② 概述分段岩性的纵向特征、岩性组合关系和含油气情况（显示层含油级别和层数）。

③ 由粗到细，分别叙述各类岩石的主要特征及含油气情况，不代表该段岩性特征的薄夹层可以不叙述。

④ 叙述特征时，对化石、构造及含有物情况做一简要描述。

(9) 其他项目绘制规范同工作程序部分

6. 完善图幅、绘制图例

图幅的完善和图例的绘制同岩屑录井综合图绘制规范。

(二) 岩心归位方法

岩心录井综合图是在岩心录井草图的基础上，综合其他资料编制而成，它是反映钻井取心井段的岩性、含油性、电性和物化性质的一种综合图件。

由于地质情况、钻井技术及工艺方面等原因，并非每次取心收获率都能达到 100%，依据电测、岩屑、钻时等录井资料来判断并恢复取心井段在地下的实际面貌，如实反映在岩心录井综合图上的过程叫做岩心"装图"或"归位"。

1. 岩心归位原则

以筒为基础，用标志层控制，在磨损面或筒界面适当拉开，泥岩或破碎处合理压缩，使整个剖面岩性、电性符合，解释合理，但岩心进尺、心长、收获率不改变。

以筒为基础就是以每筒岩心为归位单元，缺心留空白，套心推至筒底界以上。上筒无余心，无底空，本筒取心连根拔出的岩心，归位不能超过本筒顶、底界。

2. 岩心归位方法
(1) 复核岩心资料
查对岩心草图上的岩性定名、岩块顺序及其他资料数据，有不符之处进行复查落实。
(2) 查找岩电差及校正井深
在岩心录井草图中，选择收获率最高的井段的岩性剖面与放大曲线比较，把其中特殊岩性或油层及厚层泥岩的顶底落实在电性上，卡出录井深度与电测深度的差值（校深差值）。以电测深度为准，确定剖面上提或下放值。当电测深度大于钻具深度时，岩电差一般应不大于1‰；当电测深度小于钻具深度时，岩电差应控制在1m以内，否则必须查明原因进行修正。

① 取心井段短或同一连续取心段井深不深时只有一个校深差值。
② 取心井段长则应分段求深度差值，不能只求一个校深差值。
③ 间隔分段取心时，可各段有各段的上提下放值。一般深度差值随深度增加而增加。

(3) 确定岩心归位深度
用校深差值加录井深度计算出筒界归位深度、岩性归位深度、拉压归位深度。

① 筒界归位深度的计算。
ⅰ. 筒界归位顶深＝取心井段顶深＋校深差值。
ⅱ. 筒界归位底深＝取心井段顶深＋校深差值＋进尺。
ⅲ. 单筒岩心归位底深＝筒界归位顶深＋筒岩心长度。

② 单层岩心归位深度的计算。
ⅰ. 每筒第一层归位顶深＝该筒界归位顶深。
ⅱ. 每筒第一层归位底深＝该筒界归位顶深＋该层岩性分段长。
ⅲ. 每筒第二层归位顶深＝第一层归位底深。
ⅳ. 每筒第二层归位底深＝第一层归位底深＋该层岩性分段长。
ⅴ. 第三、四层的归位深度计算依此类推。

③ 拉压归位深度的计算。
ⅰ. 拉开长度＝电测解释厚度－拉开层岩性分段长度。
ⅱ. 拉开层归位顶深＝上邻层归位底深＋拉长。
ⅲ. 拉开层归位底深＝拉开层归位顶深＋拉开层岩性分段长。
ⅳ. 压缩长度＝压缩岩性分段厚度－电测解释厚度。
ⅴ. 压缩层归位顶深＝上邻层归位底深。
ⅵ. 压缩层归位底深＝压缩层归位顶深＋岩性分段厚度－压长。

(4) 画归位剖面
① 当岩电吻合时，应根据岩心录井草图，以筒为单元、标志层为控制的方法进行岩心归位，一般从单筒岩心顶深开始，逐层累计画剖面；以微电极曲线半幅点（或极大值和极小值）划分同层顶、底界，岩心归位不得超越本筒底界深度，套心装在第一筒岩心下部。

ⅰ. 收获率小于100％时，用校正深度自上而下画剖面，缺心留底部。
ⅱ. 收获率大于100％时，用校正深度自下而上画剖面，套心推在上一筒岩心底部。
ⅲ. 上筒无余心，本筒连根拔的岩心归位画满筒，不能超出本筒顶、底界。
ⅳ. 在明显标志层卡出的顶、底深度开始画剖面，从标志层顶深向上推，从底深向下画。
ⅴ. 在标志层卡死后，其上下各部位的岩性与电性仍有矛盾时，选收获率高的井段，结合电测解释卡住油层井段画剖面。

ⅵ. 经分段控制之后，再用各段之间的特殊岩性与电测深度差值控制岩心长度画剖面。

② 岩心收获率较低，因砂岩破碎和磨损造成岩层厚度与电性厚度不吻合时，可在破碎段内和磨损面位置拉开归位画剖面，达到岩电吻合，并在压缩长度栏用符号标注拉开长度。

③ 因泥岩膨胀或严重破碎造成录井厚度大于电测厚度时，可根据测井曲线进行合理压缩，并在压缩长度栏用符号标注长度；因岩心破碎的压缩长度不应超出该段岩心长度的30％。

④ 收获率过低的部位，根据岩屑、井壁取心、电性等资料进行综合解释。

⑤ 岩心归位时发现电性不符，应复查岩心顺序、岩性定名是否有错误；复查结果无误时，则以岩心的岩性画归位剖面；在岩性综述时，应注明"岩电不符，岩性属实"。

ⅰ. 当岩心破碎或磨损在丈量上产生误差时，采用砂岩拉、泥岩压以消除误差的方法归位画剖面。

ⅱ. 因事故造成岩心顺序倒乱，岩电不符时，按电性特征恢复岩心真实情况后，归位画剖面。

3. 岩心归位时的注意事项

① 画归位剖面时要以筒为基础，用标志层控制，合理拉压，达到岩电吻合，以客观地恢复地下地层的原始面貌。

② 岩心拉开归位时只能在明显磨光面上拉开，拉开处的岩心位置和色号栏都为空白。

③ 岩心压缩归位时，在压缩段的几块岩心中压缩长度较大时，要按比例分块压缩，不能集中一处造成缺失块号。

④ 校正深度找出的岩电差值，不符合向下或向上递增（减）规律时，要查明原因，重新找合理的岩电差值。

⑤ 岩心归位中，岩性与电性不是层层吻合，要采取多种卡层画剖面的方法。

（三）岩心录井综合录井图绘制格式（图4-9、图4-10）

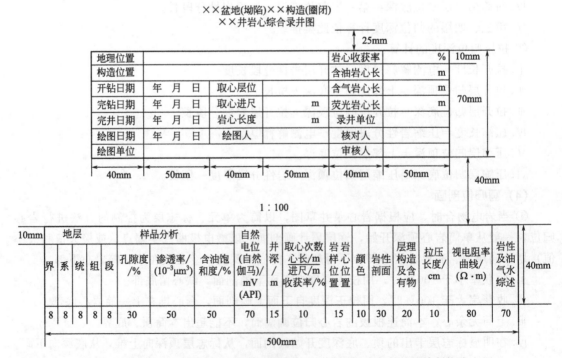

图4-9 ××盆地（坳陷）××构造（圈闭）××井岩心综合录井图绘制格式（1）

××盆地(坳陷)××构造(圈闭)
××井岩心综合录井图

25mm

地理位置				岩心收获率	%
构造位置				含油岩心长	m
开钻日期	年　月　日	取心层位		含气岩心长	m
完钻日期	年　月　日	取心进尺	m	荧光岩心长	m
完井日期	年　月　日	岩心长度	m	录井单位	
绘图日期	年　月　日	绘图人		校对人	
绘图单位				审核人	
40mm	50mm	40mm	50mm	40mm	50mm

10mm　70mm　40mm

1∶100

10mm　40mm

地层					自然伽马/API	井径/mm	井深/m	取心次数 心长/m 进尺/m 收获率/%	岩样位置 岩心位置	颜色	岩性剖面	岩石结构次生矿物	视电阻率曲线/(Ω·m)	井涌漏放空及槽面显示	岩性缝洞及油气水综述	测井解释	综合解释
界	系	统	组	段													
8	8	8	8	8	70	40	15	10	15	10	30	30	130	20	50	20	20

500mm

图 4-10　××盆地（坳陷）××构造（圈闭）××井岩心综合录井图绘制格式（2）

学习情境五
样品测试

任务一 样品热解测试

一、学习目标
① 掌握岩石热解仪器原理及仪器操作步骤。
② 能够操作岩石热解仪器。

二、任务实施

1. 样品挑选
① 挑选未经烘烤、本层代表性强的岩屑，岩心和井壁取心取其中心的部位。
② 现场录井储集岩岩屑样品随钻挑选。

2. 样品预处理
① 送实验室分析的储集岩岩屑样品，密封保存。
② 储集岩岩屑样品应除去污染物，用滤纸吸干水分后分析。
③ 烃源岩样品粉碎后，粒径应在 0.07～0.15mm。

3. 分析操作步骤

（1）开机

依次打开气泵、计算机、仪器主机电源，每次开机后仪器预热稳定时间不少于 30min。

（2）新建文件

点击"文件"下的"新建"命令，在弹出的对话框中输入要创建的文件名称，然后按"保存"按钮。程序将建立该文件并自动打开它。或者选中一保存的文件，点击"文件"下的"打开"命令，在弹出的对话框中选择要打开的文件名称，然后按"保存"按钮。程序将建立该文件并自动打开它。输入相应指令，设定分析条件及参数，净化气路、稳定仪器，不放置样品进行至少两次的空白运行。

（3）仪器标定

切换到标样页签，在右部的 S_2 标称值和 T_{max}（℃）标称值栏中输入实际标样的标称值数据。点击开始分析。

每次开机后都要进行标定和标样分析，选定国家二级标准物质作为标样，称约 100mg 标样，进行标样分析，其标样分析 S_2、T_{max} 值误差符合相应规定后，方可进行样品分析。

(4) 样品检测

选定与标定相同标样，称取约 100mg，切换到样品分析周期二进行分析，按样品分析步骤进行分析。测定结果与标样标称值比较，S_2 和 T_{max} 的不确定度符合标准规定，则说明仪器正常进行样品分析。如超差，则需重新进行标样分析，直到符合标准，方能进行实际样品测定。

(5) 样品分析

称取样品 (100 ± 5)mg/g 放于坩埚内，启动分析。并在样品采集与数据处理软件窗口输入样品信息。连续开机分析超过 12h 后，须重新测定一次标准物质，其测定值符合标样的双差范围要求才能继续进行样品测定。

(6) 关机

关闭主机、计算机、关闭气路。

(7) 记录

填写设备运行及其他必要的记录。

三、注意事项

① 仪器长期不用时，应每周通电、通气一次，以保证仪器的稳定性。
② 经常检查仪器各气路是否漏气，硅胶是否变色，并对其进行处理。

四、任务考核

1. 考核要求

① 如违章操作，将停止考核。
② 考核方式：本项目为实际操作任务，考核过程按评分标准及操作过程进行。

2. 配分、评分标准（表 5-1）

表 5-1 样品热解测试评分标准

序号	考核内容	考核要求	考核标准	配分	得分
1	样品挑选	会挑选未经烘烤、本层代表性强的岩屑，岩心和井壁取心取其中心的部位；现场录井储集岩岩屑样品随钻挑选	不会挑选样品扣 10 分	10	
2	样品预处理	送实验室分析的储集岩岩屑样品，密封保存 储集岩岩屑样品应除去污染物，用滤纸吸干水分后分析 烃源岩样品粉碎后，粒径应在 0.07~0.15mm	不会密封保存扣 5 分；样品预处理不对扣 5 分	10	
3	分析操作步骤	会开机，依次打开气泵、计算机、仪器主机电源，每次开机后仪器预热稳定时间不少于 30min	不会开机扣 10 分；开机顺序不对扣 5 分	10	
		新建文件：点击"文件"下的"新建"命令，在弹出的对话框中输入要创建的文件名称，然后按"保存"按钮。程序将建立该文件并自动打开它。或者选中一保存的文件，点击"文件"下的"打开"命令，在弹出的对话框中选择要打开的文件名称，然后按"保存"按钮。程序将建立该文件并自动打开它。输入相应指令，设定分析条件及参数，净化气路、稳定仪器，不放置样品进行至少两次的空白运行	不会新建文件扣 10 分	10	

续表

序号	考核内容	考核要求	考核标准	配分	得分
3	分析操作步骤	会仪器标定：切换到标样页签，在右部的 S_2 标称值和 T_{max} 标称值栏中输入实际标样的标称值数据。点击开始分析；每次开机后都要进行标定和标样分析，选定国家二级标准物质作为标样，称约 100mg 标样，进行标样分析，其标样分析 S_2、T_{max} 值误差符合相应规定后，方可进行样品分析	输入标称数据不对扣 5 分；选择标样不对扣 5 分	10	
		会样品检测：选定与标定相同的标样，称取约 100mg，切换到样品分析周期二进行分析，按样品分析步骤进行分析。测定结果与标样标称值比较，S_2 和 T_{max} 的不确定度符合标准规定，则说明仪器正常进行样品分析。如超差，则需重新进行标样分析，直到符合标准，方能进行实际样品测定	不按步骤分析扣 5 分；标定不对扣 5 分	10	
		会样品分析，称取样品 (100 ± 5) mg/g 放于坩埚内，启动分析。并在样品采集与数据处理软件窗口输入样品信息。连续开机分析超过 12h 后，须重新测定一次标准物质，其测定值符合标样的双差范围要求才能继续进行样品测定	样品分析不对扣 10 分	10	
		会关机：关闭主机、计算机、关闭气路	关机步骤不对扣 10 分	10	
		会记录：填写设备运行及其他必要的记录	记录填写不全、不对扣 10 分	10	
4	安全生产	按规定穿戴劳保用品	未按规定穿戴劳保用品扣 10 分	10	
			合计	100	
备注		时间为 20min	考评员签字： 年 月 日		

3. 工具、材料、设备（表 5-2）

表 5-2 样品热解测试工具、材料、设备表

序号	名称	规格	单位	数量	备注
1	岩石热解分析仪		台	1	
2	残余碳分析仪		台	1	
3	空气压缩机		台	1	
4	氢气发生器		台	1	
5	氮气发生器		台	1	
6	镊子		个	1	
7	天平		台	1	
8	坩埚		个	1	
9	荧光灯		台	1	

五、相关知识

(一) 仪器组成

岩石热解地球化学录井仪器由气路系统、热解装置、氢焰离子化检测器（FID）、微电流放大器、温度程序控制系统、数据处理系统五部分组成，如图5-1所示。

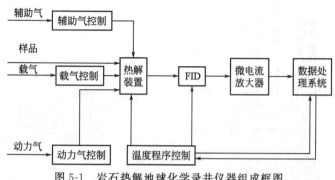

图5-1 岩石热解地球化学录井仪器组成框图

1. 气路系统

油气显示评价仪有三路气源——空气、氢气和氮气，一般是由空气压缩机、氢气发生器和氮气发生器（或氮气瓶）供应（图5-2）。

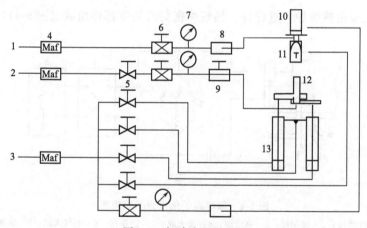

图5-2 气路流程原理图

1—氢气；2—氮气；3—空气；4—过滤器；5—电磁阀；6—稳压阀；7—压力传感器；
8—气阻；9—质量流量控制器；10—检测器；11—热解炉；12—进样杆；13—气缸

2. 氢焰离子化检测器（FID）

氢焰离子化检测器属于质量型检测器，由筒体、筒顶圆片、绝缘套、收集极、陶瓷火焰喷嘴、固定螺母、密封石墨垫、密封紫铜垫、点火极化极探头、收集极探头、信号电缆、点火电缆及螺帽等组成。它是以氢气和空气燃烧生成火焰为能源，当载气携带有机物进入检测器时，生成了很多带电的粒子和离子，这些离子在电场的作用下形成了一个离子流，收集极收集到这个离子流，经过微电流放大器放大后把样品中含有的有机物检测出来，从而对样品进行定量的分析。仪器使用的 FID 检测器，其极化电压为 $+300V$，最小检测量 $\leqslant 5 \times 10^{-10} g/s$。其原理如图5-3所示。

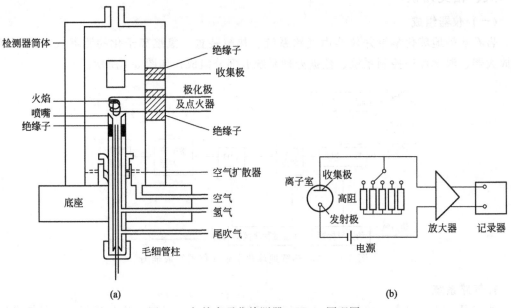

图 5-3 氢焰离子化检测器（FID）原理图

3. 热解部分

热解部分主要由热解炉、进样杆、热解炉密封滑块等部件组成（图 5-4）。

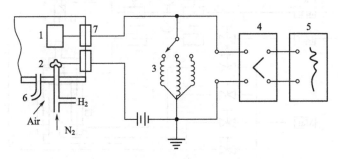

图 5-4 氢焰离子化检测器原理图

1—收集极；2—极化极；3—高电阻；4—放大器；5—记录器；6—空气入口；7—绝缘器

4. 微电流放大器

微电流放大器是将微弱的离子流信号转换为电压信号的高增益放大器，它由高输入阻抗和低输入电流的放大器和外围元件组成，具有稳定性好、噪声低、灵敏度高等特点，最高增益为 108（也可按用户的特殊需要制作更高增益）电流测量范围 $10^{-6} \sim 10^{-14}$ A 的放大器，仪器后面板上设有调零转换开关、基流补偿电位器和衰减电位器。从而保证放大器有很宽的测量范围。另外放大器内部设有调零端，调整时需将转换开关转到相应位置，调整好后恢复原位置。

5. 温度控制部分

温度控制部分是仪器的重要单元，其控制精度直接影响技术参数的指标，它完成二个温控点的温度控制，为热解炉和进样杆提供样品分析所需要的恒定温度及程序升温控制。温度控制部分由程序温度控制、温度检测电路、控温执行系统组成。

6. 电源系统

电源系统提供＋24V、＋15V、－15V、＋5V、～3.8V 电压，由于电源系统的稳定性直接关系到仪器的稳定性，所以评价仪采用两级高精度的三端稳压器进行稳压。

其中＋24V 供给电磁阀、压力传感器和点火继电器；±15V 分两路，一路供给控制单元母板，另一路供给微电流放大器；＋5V 分两路，一路供给极化极电压模块，另一路供给控制单元母板；～3.8V 为氢火焰检测器点火用。

7. 微处理控制系统部分

微处理控制系统是仪器的心脏，主要完成主机的各部件正常运行的控制；采集数据并传送至计算机进行数据处理。具有故障诊断及自动报警功能。

微处理控制系统包括：控制单元母板、控温板和接口板。

控制单元母板为主机的核心，包括 CPU 芯片、串口通讯芯片、A/D 转换芯片和采集芯片等，负责完成主机的过程控制、测温和采集数据及与计算机的通信等。

控温板为主机的温度控制部分，包括 OP07 及 LM358 等，负责完成主机上所有温度的测量与前级控制的工作。

接口板为主机的电磁阀控制部分，包括光偶控制芯片等，主要负责完成电磁阀的控制工作。

（二）仪器分析原理

在一定地质条件下，烃源岩中有机物一部分生成烃类，这些烃类一部分运移到具有孔隙性的储集岩中，另一部分残留在烃源岩中，而未生成烃类的高聚合物的不溶有机物（干酪根）也存在于烃源岩中。油气显示评价仪的分析原理是在热解炉中对烃源层和储集层的岩石样品进行程序升温，岩石中的烃类和干酪根在不同的温度下挥发和裂解，通过载气（氮气）的携带使其与岩石样品进行定性的物理分离，并由载气携带直接进入氢火焰离子化检测器（FID）检测，将其浓度的变化经过放大器放大为相应的电流信号，经微机进行运算处理，记录各组分的含量和峰顶温度（T_{max}），予以评价烃源岩、储集岩的优劣，油气显示评价仪的分析流程，如图 5-5 所示。

图 5-5 评价仪分析流程图

任务二　样品热蒸发烃测试

一、学习目标

① 判别油气显示情况及储层受污染情况。

② 通过谱图形态判断原油性质、储层含油气性、流体性质等。

二、任务实施

1. 样品选取

① 结合钻时、岩屑、气测等录井资料及时选取具有代表性的岩样。样品不得烘烤、氯

仿滴照，岩屑样品代表性差，采用混合样进行测定。

② 在荧光灯下进行选样，挑选有显示的样品颗粒进行分析。

2. 分析操作步骤

(1) 开机

确认净化剂、电解液量正常后，启动辅助设备电源。待气源压力达到设定值，稳定供气后，启动 UPS 电源及主机电源。启动计算机进入仪器操作软件。仪器预热至少 30min。单击工具条上的"控制面板"按钮，打开控制面板（一般自动打开）；联机（单击"联机按钮"）；联机成功后（仪器工作状态窗口显示为"未就绪"）设置仪器控制参数，方法有两种：手工设置各路温度控制的参数和 FID 控制参数；打开"参数"菜单，单击"打开"，引进相应的"默认控制"（或将相应的控制参数存为默认控制，此时软件启动时自动调入"默认控制"）；关闭控制面板，打开"文件"菜单，单击"引进模板"，引进相应的模板（或将相应的模板存为默认模板，此时软件启动时自动调入"默认模板"）。

(2) 空白分析

待仪器就绪后，单击工具条上的"谱图采集"按钮。使用无污染的空坩埚，按正常分析程序运行，将柱中残留烃类赶出至基线平稳。空白运行至无峰显示（量程为 0.5mV）为止，基线噪声与漂移最大不超过 0.03mV/30min。

(3) 平行样分析

第一次开机或连续工作 48h 后应进行一次平行样对比分析，以确认仪器状态是否正常。

(4) 样品分析

输入样品井号、井深、岩性、样品类型、重量等参数，进行样品分析。

(5) 关机

测试完毕后关闭软件，关闭仪器和辅助气源。

三、注意事项

① 谱图真假显示区别。

② 不同油质类型谱图表现形式不同，注意区分。

四、任务考核

1. 考核要求

① 如违章操作，将停止考核。

② 考核方式：本项目为实际操作任务，考核过程按评分标准及操作过程进行。

2. 配分、评分标准（表 5-3）

表 5-3 样品热蒸发烃测试评分标准

序号	考核内容	考核要求	考核标准	配分	得分
1	样品挑选	会结合钻时、岩屑、气测等录井资料及时选取具有代表性的岩样。样品不得烘烤、氯仿滴照，岩屑样品代表性差，采用混合样进行测定；会在荧光灯下进行选样，挑选有显示的样品颗粒进行分析	不会在荧光灯下选样品扣 10 分	10	

续表

序号	考核内容	考核要求	考核标准	配分	得分
2	分析操作步骤	确认净化剂、电解液量正常后,启动辅助设备电源。待气源压力达到设定值,稳定供气后,启动 UPS 电源及主机电源。启动计算机进入仪器操作软件。仪器预热至少 30min。单击工具条上的"控制面板"按钮,打开控制面板(一般自动打开);联机(单击"联机按钮");联机成功后(仪器工作状态窗口显示为"未就绪")设置仪器控制参数,方法有两种:手工设置各路温度控制参数和 FID 控制参数;打开"参数"菜单,单击"打开",引进相应的"默认控制"(或将相应的控制参数存为默认控制,此时软件启动时自动调入"默认控制");关闭控制面板,打开"文件"菜单,单击"引进模板",引进相应的模板(或将相应的模板存为默认模板,此时软件启动时自动调入"默认模板")	未进行仪器预热扣 5 分;不会设置仪器控制参数扣 10 分;不会挑选引进相应模块扣 5 分	20	
		待仪器就绪后,单击工具条上的"谱图采集"按钮。使用无污染的空坩埚,按正常分析程序运行,将柱中残留烃类赶出至基线平稳。空白运行至无峰显示(量程为 0.5mV)为止,基线噪声与漂移最大不超过 0.03mV/30min	不会空白分析扣 10 分	10	
		第一次开机或连续工作 48h 后应进行一次平行样对比分析,以确认仪器状态是否正常	没有进行平行样对比扣 5 分;仪器状态不正常仍然进行实验扣 10 分	15	
		输入样品井号、井深、岩性、样品类型、重量等参数,进行样品分析	不会对各种参数进行输入扣 5 分;不会对结果进行分析扣 10 分	15	
		测试完毕后关闭软件,关闭仪器和辅助气源	没有关闭软件扣 5 分;没有关闭辅助气源	10	
3	安全生产	按规定穿戴劳保用品	未按规定穿戴劳保用品扣 10 分	20	
			合计	100	
备注		时间为 20min	考评员签字: 年 月 日		

3. 工具、材料、设备(表 5-4)

表 5-4 样品热蒸发烃测试工具、材料、设备

序号	名称	规格	单位	数量	备注
1	计算机		台	1	
2	油气组分综合评价仪		支	1	
3	空气发生器		台	1	
4	氢气发生器		台	1	
5	氮气发生器		台	1	

五、相关知识

1. 仪器内部结构

油气组分综合评价仪的主机分左、中、右3个部分：左部分为热解炉和气路部分；中部分为柱箱和加热控制单元及控制电源、压力显示表；右部分为微电流放大器和单片机控制单元。左边单元具体包括热解炉、电磁阀、分流阀、电子流量计、稳压阀等；中部具体包括柱箱、检测器、极化极模块、触发模块、步进电机模块等；右边单元为微机单元部分。另外，后面板包括串行接口、电源输入端、气源输入端。油气组分综合评价仪其气路系统由气源输入、电磁阀、质量流量控制器、热解炉系统、毛细柱系统和检测器等组成。

2. 工作原理

待分析的样品装入坩埚，送入热解炉中，经热解炉加热后由载气（N_2）携带进入柱箱，再经毛细管色谱柱进行分离，分离后的组分由氢火焰检测器检测、放大器放大后由数据处理系统进行接收、判断、处理和分析。

任务三 样品轻烃测试

一、学习目标

① 了解仪器设备基本组成构造。

② 掌握仪器设备的测试方法，能熟练操作。

二、任务实施

1. 样品采集

（1）岩屑样品

取样原则是快速、及时，样品返出井口后须及时取样，岩屑样品应按迟到时间定点取样，选捞进入振动筛前的新鲜岩屑装入取样罐内，样品为黏有钻井液的岩屑混合湿样，不挑样，不清洗。装入量为取样罐体积的2/3，将罐体加盖密封，填写标签。

（2）井壁取心、岩心样品

井壁取心出筒后20min内应选取有代表性、无污染样品装瓶密封。储集岩及含油显示的非储集岩井壁取心应逐颗取样，样品体积为取样设备内容积的1/2～2/3。

（3）钻井液

录井期间，按一定间隔选取钻井液样品进行分析，以确定对地化录井影响；对每次钻井液调整处理之后选取钻井液样品进行分析，确定其地化录井响应特征，供分析研究人员解释时参考。现场加入添加剂，堵漏材料的种类、数量要尽量了解并在相应分析段做好备注说明。

（4）取样瓶标签要注明井号和井深

2. 仪器基本操作

（1）开机

① 打开仪器电源开关。

② 确认净化剂、电解液量正常后，启动辅助设备电源。

③ 待气源压力达到设定值，稳定供气后，启动UPS电源及主机电源。

④ 启动计算机进入仪器操作软件。

⑤ 仪器预热至少 30min。

(2) 参数设置

在控制面板中，单击"联机"按钮，首先建立起计算机和主机的通信联系。当仪器状态栏显示"就绪"后，进行各项参数的设定。

(3) 空白分析

使用无污染的空瓶，按正常分析程序运行，将柱中残留烃类赶出至基线平稳。

(4) 平行样分析

第一次开机或连续工作 48h 后应进行一次平行样对比分析，以确认仪器状态是否正常。同一样品三次以上平行分析，轻烃比值参数分析结果的相对偏差小于 10％。

(5) 样品分析

输入样品井号、井深、岩性、样品类型、重量等参数，进行样品分析。各组分色谱峰形对称；甲乙烷分离度不小于 0.8；1,顺 3-二甲基环戊烷与 1,反 3-二甲基环戊烷及 1,反 3-二甲基环戊烷和 1,反 2-二甲基环戊烷之间分离度不小于 1.0。

(6) 关机

退出系统，关闭仪器。

3. 谱图处理

① 如果对程序实时处理谱图的结果不满意（例如有的峰未检测到或峰的起落点判断不准确），请改变"参数表"中"起始峰宽水平"参数（默认值为 1）值和"参数表"中"峰宽递增速度"参数值，然后单击"操作"菜单项中的"再处理"命令（或按动计算机数据处理界面左下方黄色"再处理"按钮），让程序按照新的"起始峰宽水平"和"峰宽递增速度"重新处理一遍谱图数据。

② "参数表"中的"起始峰宽水平""峰宽递增速度"参数及其他高级处理参数是用来调节程序处理谱图的整体行为的，若在调节这些参数之后谱图中仍有个别峰无法被准确处理，就可进一步在"时间表"中指定谱图局部处理方案来矫正程序对个别峰的误判、漏判等行为。方法是，在需矫正地方的稍前面一点按鼠标右键，在弹出的菜单中选择"自动生成时间表"项，再选择相应的命令，如"增加独立峰""禁止判峰"等，这时可以看到程序自动地在"时间表"中添加了表项。最后单击"操作"菜单项中的"再处理"命令，让程序按照刚制定的"时间表"重新处理一遍谱图数据。或选择"视图"中"工具条""手动处理"项，计算机数据处理界面下方生成"对完全未检出的峰进行手工添加"和"对已检出的峰进行手工取消或恢复"按钮，对欲处理的峰进行手动处理。

③ 程序对于一个峰群中相邻的重叠峰采用垂线分割，但对"骑在"大峰下降沿上的小峰，实际应进行切线分割才合理，这就需要用鼠标指着大峰并单击鼠标右键，然后在"自动生成时间表"项子菜单中选择"此峰拖尾"的谱图局部处理方案。这样，程序将自动根据骑在大峰"尾巴"上各个峰的走势勾勒出大峰下降沿的轮廓，并作为这些骑峰的基线（如果这些骑峰之间还有重叠，则再用垂线法对它们进行分割），直至整个峰群结束（即遇到红色短线）为止。但是，整个峰群是否结束是程序自动判定的，可能并不完全符合您所认为的情况，这时就还需要利用时间表的"峰分离（谷点改终点）"和"峰重叠（终点改谷点）"这两种谱图局部处理方案来修改程序对拖尾峰结束点的认定。

④ 如果您认为程序检测到的用绿色短线标记出的峰起点、重叠峰间的谷点，或用红色短线标记出的峰终点的位置偏离实际情况，可用鼠标左键点中您认为位置不合适的那根短

线，按住鼠标左键将鼠标指针移到您认为合适的位置后松开左键，此根短线将移动到新的位置，这个短线所在峰群中所有峰的切割及基线校正情况也将随之变动（但这是在万不得已的情况下才采取的手段，最好是通过调节"参数表"中的参数就能使程序正确判断峰的起落点位置）。

4. 定性分析

轻烃分析定性可根据标样分析出峰顺序和谱图形态，参照标样已定性的谱图进行识别，识别后存为模板文件，下次定性分析可直接调用模板文件，由计算机根据计算的模拟保留指数对未知化合物进行自动识别。如计算机识别错误，可通过人工干预进行纠正。具体定性识别方法如下。

(1) 人工谱图参照法定性

① 输入"套峰时间"。在需要的峰的内部点击鼠标右键，在快捷菜单中选择"自动填写时间表"项下的"套峰时间"命令，这时，在"定量组分"表中将增加一行。

② 输入相应的组分名称。在套峰时间填写完成后，在其表格的第 2 列为组分名称项，参照下图中的定性信息对所分析的化合物进行定性。可根据套峰时间判断峰对应的组分名称，然后在下拉列表中选择该名称，以完成该峰的命名也就是"定性"。

③ 重复以上操作将所有需要的峰的套峰时间和组分名称都添加到表中。

注意：填写时选择峰的顺序没有要求，可在最后使用表格的快捷菜单中的"按时间排序"命令将表格中所有数据按套峰时间排序显示。

(2) 保留指数定性方法

① 通过初次人工准确定性识别后，选取 4 个标志峰，分别为 CH_4、nC_7H_{16}、nC_8H_{18}、nC_9H_{20}，在数据处理软件的"定量组分"表中"保留指数项中分别输入 100、200、300、400"，点击计算"保留指数"，程序将根据参考峰的保留时间，算出其他组分的相对保留时间，进而计算出其他组分的相对保留指数值。

② 选择菜单下的"文件""存为模板"，将正确定性的文件存入程序安装目录下。

③ 通过已知定性的谱图计算出各参考峰的相对保留指数，在同一分析条件下分析未知样品，调用模板后，观察采集的谱图下部 4 个参考峰定性是否准确，如绝对保留时间有偏差，可通过鼠标左键点中参考峰组分名称下部那根短线，按住鼠标左键将鼠标指针移到参考峰下松开左键，准确移动未知样品中四个标志峰的绝对保留时间，然后点击组分表中"计算保留指数"，这样程序就可算出各组分的模拟保留指数。

④ 观察谱图中所有组分下部的定性信息，如确认程序识别错误，可通过移动组分名称下部那根短线来进行调整。

三、注意事项

① 采用保留指数定性分析条件要和模板文件的分析条件一致，如分析条件变化可重新存为一个新的默认模板。

② 一旦标准模拟指数参考峰选定后，在未知样品分析的模拟指数计算中，也必须用同样的参考峰来计算模拟指数，不得改变。

③ 如果实际分析中确定的参考峰最前端的甲烷或最后端的正壬烷检测不到，可选择其他易于识别的参考峰。其余的参考峰选定要求是该组分峰面积较大、与相邻峰基线分离、易于人工识别。

四、任务考核

1. 考核要求

① 如违章操作，将停止考核。

② 考核方式：本项目为实际操作任务，考核过程按评分标准及操作过程进行。

2. 配分、评分标准（表 5-5）

表 5-5　样品轻烃测试评分标准

序号	考核内容	考核要求	考核标准	配分	得分
1	样品采集	能根据岩屑取样原则进行取样，并且正确地进行包装以及运送到下级单位	不能进行正确岩屑取样扣5分	5	
		会选取岩样中具有代表性的，对于非储集岩井壁取心应逐颗取样	岩样不具有代表性扣5分	5	
		能对钻井液进行地化录井特征分析，并在相应分析中做好备注说明	不会对钻井液进行地化录井特征确定扣10分	10	
		取样瓶标签要注明井号和井深	没有进行标注扣5分	5	
2	仪器基本操作	了解正确开机流程，会正确开机；能正确进行参数设置；会进行空白分析实验；会进行平行样分析；根据样品输出结果进行分析总结；会正确关机；退出系统，关闭仪器	不会正确开关机扣5分；不会进行参数设置扣5分	10	
3	谱图处理	如果对程序实时处理谱图的结果不满意，会进行相应调整	不会对程序结果中谱图微处理扣5分	5	
		矫正程序对个别峰的误判、漏判等行为	不会矫正峰值情况扣10分	10	
		会利用时间表的"峰分离（谷点改终点）"和"峰重叠（终点改谷点）"这两种谱图局部处理方案来修改程序对拖尾峰结束点的认定	不会对峰拖尾的结束点进行认定扣10分	10	
		会对峰的起落点位置进行软调节和硬调节	不会对峰的起始和结束点进行调节扣10分	10	
4	定性分析	轻烃分析定性可根据标样分析出峰顺序和谱图形态，参照标样已定性的谱图进行识别，识别后存为模板文件，下次定性分析可直接调用模板文件，由计算机根据计算的模拟保留指数对未知化合物进行自动识别。如计算机识别错误，可通过人工干预进行纠正。具体定性识别方法如下：①能使用人工谱图参照法进行定性分析；②能使用保留指数定性方法进行定性分析	不会用人工谱图法进行定性分析扣10分；不会用保留指数定性方法进行分析扣10分	20	
5	安全生产	按规定穿戴劳保用品	未按规定穿戴劳保用品扣10分	10	
			合计	100	
备注		时间 20min	考评员签字： 年　月　日		

3. 工具、材料、设备（表 5-6）

表 5-6　样品轻烃测试工具、材料、设备表

序号	名称	规格	单位	数量	备注
1	计算机		台	1	
2	轻烃组分分析软件		套	1	
3	空气发生器		台	1	
4	氢气发生器		台	1	
5	氮气发生器		台	1	

五、相关知识

QTZF-Ⅱ轻烃组分分析仪由进样系统、分离单元、检测单元、控制处理单元及气路单元几个部分组成。

(1) 进样系统

进样系统由岩屑、钻井液样品顶空气自动进样系统和岩心样品顶空气进样系统两部分组成，可根据样品的不同选择不同的进样方式。样品首先通过多通阀进入定量管。多通阀实现样品采集和分析的转换，它通过一个内径 0.08mm、1/16 英寸的不锈钢管与其他部分相连，多通阀安装在一个铝块上，阀是高温石墨 Vespel 转子型，它在阀体中由球体支撑体系弹簧压紧，阀的转动部分由环形气缸及相应的电磁阀自动控制。其外形图如图 5-6 所示。

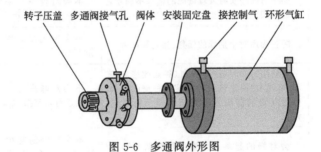

图 5-6　多通阀外形图

(2) 分离单元

分离单元是该仪器的核心部分，由色谱柱和柱箱组成。用以分离被分析样品的各种组分。当样品由载气携带进入色谱柱后，由于样品中各个组分在色谱柱中的流动相（气相）和固定相（液相或固相）间分配或吸附系数的差异，在载气的冲洗下，各个组分在两相间做反复多次分配，使各组分在色谱柱中得到分离，然后由接在柱后的检测器将各个组分按顺序检测出来。柱箱用于安装色谱柱，色谱柱（样品）需要在一定的温度条件下工作，因此采用微机对柱箱进行温度控制，程序设定后自动运行无须人工干预。柱箱加热丝隐藏在网板后面，从而避免加热丝辐射所引起石英毛细管柱的峰形分裂，本机采用了低噪声电机，运行平稳且机震小。当柱箱需要冷却时，柱箱后部冷却空气进风口与热空气排风口自动开启，冷却空气便从进风口进入柱箱，将柱箱内的热空气从热空气排风口置换出来，使柱箱迅速冷却。柱箱加热丝总功率约 1200W。

(3) 检测单元

检测器主要由检测器和放大器组成。检测器又叫鉴定器，它是测量流出物质的质量或浓

度变化的器件。从本质讲，可把检测器看成是一个将样品组分转换成电信号的换能装置。本机使用的检测器为氢火焰离子化检测器（FID），位于柱箱上部。由筒体、喷嘴、极化极、收集极等几部分组成。其结构如图 5-7 所示。

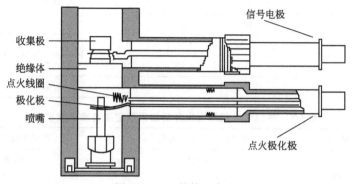

图 5-7　FID 结构示意图

它是以氢气和空气燃烧生成火焰为能源，当载气携带有机物进入检测器火焰时，发生化学离子反应，生成很多带电的粒子（正离子、负离子、电子），这些粒子在电场作用下形成离子流。被收集的离子流经过放大器的高欧姆电阻产生信号，信号经放大后送到数据处理系统。该检测器具有离子化效率高、固有噪声小、线性范围宽等优点。

（4）气路系统

QTZF-Ⅱ轻烃组分分析仪气路系统由比例阀、电子质量流量控制器、电磁阀、稳流阀、不锈钢管及其他接头、相关附件组成，完成载气及辅助气的开关、转换、压力指示、压力与流速控制等。气源通常由气体发生器、空气泵、高压气体钢瓶及减压阀（氧表）等组成。

（5）控制系统

微处理控制系统是仪器的心脏，主要对控制主机的各部件正常运作进行控制；采集数据并传送至计算机进行数据处理。控制系统作用：负责主机的过程控制和与计算机的通信；负责信号采集与模数转换、电磁阀的控制和温度控制、流量控制等工作。

任务四　样品红外光谱测试

一、学习目标

① 了解掌握红外光谱仪器原理。

② 掌握并能操作红外光谱仪器，熟练进行仪器校准测试工作。

二、任务实施

① 测试前仪器检查并进行校准。

② 开启红外光谱仪，对采集系统的参数进行初始化。仪器应经过充分预热，小光谱通电，预热 7min 后点击"运行"。仪器尽量长期开机，条件允许的情况下中途不要关机。在起下钻期间设置为"停止状态"即可。

③ 仪器校验，按表 5-7 的浓度混合标气进行校验分析，其测量值与标准值的相对误差以及重复性相对平均偏差应符合表 5-8 的规定。

表 5-7 井口气远程测定仪校验气体浓度表

序号	甲烷/%	乙烷/%	丙烷/%	异丁烷/%	正丁烷/%	异戊烷/%	正戊烷/%
1	80	10	5	2	2	0.5	0.5
2	60	15	10	5	5	2.5	2.5
3	10	2.5	2.5	2.5	2.5	2.0	2.0
4	1	0.25	0.25	0.25	0.25	0.2	0.2
5	0.05	0.05	0.05	0.05	0.05	0.05	0.05

表 5-8 井口气远程测定仪分析结果精密度与准确度要求

组分浓度范围/%	重复性相对平均偏差/%	再现性相对误差/%
<0.0030	不规定	不规定
0.0030～0.0100	15	30
0.0100～0.1000	12.5	25
0.1000～1.0000	10	20
1.0000～10.0000	7.5	15
10.0000～50.0000	5	10
50.0000～100.0000	2.5	5

④ 随钻样品测试。钻井液录井,连续测量钻井液中气态烃、CO、CO_2 的含量,并记录井深、钻时、全烃、重烃等,并填写随钻气体录井数据表;后效气体录井,钻遇油气显示层后,每次下钻应循环钻井液,检测气态烃、CO、CO_2 的百分含量。进行后效气检测时,钻井液循环一个周期以上。记录井深、钻头位置、钻井液及全烃出峰情况等资料,并填写后效气体检测记录。

⑤ 测试结束,关闭进行主机、计算机。

三、注意事项

① 正常工作时,光谱房内放置 2 瓶敞口硅胶,以保证房内干燥程度。

② 气路中吸水试剂使用氯化钙。更换周期根据氯化钙的失效情况确定。

③ 气路中的气水过滤使用空气过滤器。灰尘过滤使用砂芯滤球。应注意经常放水并视砂芯滤球的污染程度更换砂芯滤球。

④ 更换试剂、空气过滤器或砂芯滤球等,要求尽量在"接单根"时更换。禁止在出峰过程中更换。

⑤ 正常工作时,气路的真空表数值不能超过 $-0.01MPa$。超过了则说明气路中堵塞严重,请及时更换试剂、空气过滤器或砂芯滤球等。

⑥ 每口井的工作过程中,仪器长期开机,条件允许的情况下中途不要关机。在起下钻期间设置为"停止状态"即可。

⑦ 当仪器面板中"△D"指示灯亮时,表明探测器湿度太高,需要更换分子筛试剂;"△I"指示灯亮时,指示干涉仪湿度太高,需要更换分子筛。软件提示相应部分湿度大时,也应及时更换相应部位的分子筛。在更换分子筛或硅胶后,需要等待一段时间,相应的报警提示会自动消失。

⑧ 光谱仪长时间不工作期间一是要将"样气输入"与"样气输出"用软管短接,"空气输入"与"空标输出"用软管短接,目的是将通过气体池的气路密封,防止环境气体对气体

池的影响；二是要定期观察仪器内部试剂状况，必须保证仪器内部干燥剂为有效状态，以保证仪器内部的干燥程度。

四、任务考核

1. 考核要求

① 如违章操作，将停止考核。

② 考核方式：本项目为实际操作任务，考核过程按评分标准及操作过程进行。

2. 配分、评分标准（见表5-9）

表5-9 样品红外光谱测试评分标准

序号	考核内容	考核要求	考核标准	配分	得分
1	测试前仪器检查并进行校准	会测试前检查并进行校准仪器	不会测试前检查并进行校准仪器扣10分	10	
2	开启红外光谱仪	会开启红外光谱仪，对采集系统的参数进行初始化。仪器应经过充分预热，小光谱通电，预热7min后点击"运行"。在起下钻期间设置为"停止状态"即可	不会开启红外光谱仪扣5分；不会进行参数初始化扣5分；预热时间不够扣5分；在起下钻期间未设置"停止状态"扣5分	20	
3	仪器校验	按表5-7的浓度混合标气进行校验分析，其测量值与标准值的相对误差以及重复性相对平均偏差应符合表5-8的规定	未按表5-7的浓度混合标气进行校验分析扣10分；测量值与标准值的相对误差以及重复性相对平均偏差不符合表5-8的规定扣10分	20	
4	随钻样品测试	连续测量钻井液中气态烃、CO、CO_2的含量，并记录井深、钻时、全烃、重烃等，并填写随钻气体录井数据表；后效气体录井，钻遇油气显示层后，每次下钻应循环钻井液，检测气态烃、CO、CO_2的百分含量。记录井深、钻头位置、钻井液及全烃出峰情况等资料，并填写后效气体检测记录	未连续测量每项扣3分；未记录井深等内容每项扣3分；后效气体录井，钻遇油气显示层后，每次下钻应循环钻井液，未检测气态烃、CO、CO_2的百分含量扣10分；未记录，未填写后效气体检测记录每项扣3分	30	
5	关机	闭进行主机、计算机	不会或未关机扣10分	10	
6	安全生产	按规定穿戴劳保用品	未按规定穿戴劳保用品扣10分	10	
			合计	100	
备注	时间为20min		考评员签字： 年 月 日		

3. 工具、材料、设备（表5-10）

表5-10 样品红外光谱测试

序号	名称	规格	单位	数量	备注
1	傅里叶变换红外光谱仪		台	1	
2	电动脱气器		台	1	
3	数据无线传输系统		套	1	
4	计算机硬件系统		套	1	

五、相关知识

1. 仪器原理

该仪器属于傅里叶变换型红外光谱仪,主要由光学部分和计算机部分组成,其中光学部分主要由干涉仪构成。干涉仪系统包括两个互成90°角的平面镜、光学分束器、光源和探测器。它的工作原理如图5-8所示。红外光源发出的光经反射进入干涉仪,干涉仪中一个固定不动的镜称定镜,一个是沿图示方向平行移动的称动镜。动镜在平稳的移动中要时时与定镜保持90°角。光学分束器具有半透明性质,放于动镜、定镜之间并和它们呈45°角放置。它使入射的单色光50%通过,50%反射。光束在干涉仪里被动镜调制后到达样品(透射或反射),最后聚焦到检测器上。干涉仪主要的功能是使光源发出的光分为两束后造成一定光程差再使之复合以产生干涉(图5-9),所得到的干涉图函数即包含了光源的全部频率和强度的信息,用计算机将干涉图函数进行傅里叶变换就可以计算出原来光源的强度按频率的分布。如果在复合光束中放置一能吸收红外辐射的试样,探测器所测得的干涉图函数经过傅里叶变换后与未放试样时光源的强度按频率分布之比值即得到试样的光谱图。

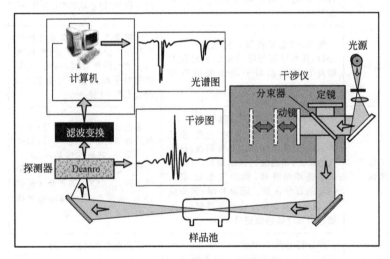

图5-8 傅里叶变换红外光谱仪原理图

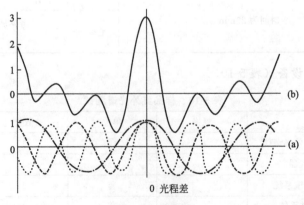

图5-9 干涉图

光谱数据处理与分析系统是该仪器的重要组成部分，在组分定性、定量模式识别中起关键性作用。天然气中各个组分气体的红外吸收谱线特征及吸收峰图谱如图 5-10 所示。

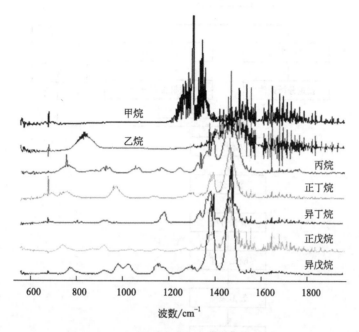

图 5-10　各个组分在低波数端的吸收光谱

分析图 5-10 可以看出：

ⅰ.3100~2870cm^{-1} 范围内，是烷基的 C—H 键伸缩振动吸收带。在使用不同分辨率观测时，可看到 2~4 个峰。此图略去高波数端谱图。

ⅱ.1470~1370cm^{-1} 波数范围内，是烷基的变形振动吸收带。出现在 1470cm^{-1} 处的带，是来自 CH_2 基的剪式振动和 CH_3 基的反对称变形振动，附近的吸收峰为甲基的反对称变形振动和亚甲基的剪式振动的重叠峰。出现在 1380cm^{-1} 处的带，是来自 CH_3 基的对称变形振动。当有两个 CH_3 基联结在同一个碳原子上时，1380cm^{-1} 带便分裂成强度和形状均为相近似的两个峰，这是偕甲基存在的有力证据。当有三个甲基联结在同一个碳原子上时，这个 1380cm^{-1} 带便分裂为两个强度不等的峰，在长波一侧的峰强度大，短波一侧的峰强度小。

ⅲ.在 1200~1000cm^{-1} 波数之间，烷烃的光谱中还可出现几个弱的吸收带，这是来自碳骨架的振动。由于强烈的偶合作用，这些吸收带的位置随分子结构而变化，在结构鉴定上意义不大。

ⅳ.在 725cm^{-1} 波数附近的吸收带是 CH_2 基的平面内摇摆振动吸收带。这一吸收带的强度与分子链上连续相接的 CH_2 基团的数目成比例。

ⅴ.在 900~400cm^{-1} 波数之间，烷烃的光谱中还可出现几个弱的指纹吸收带，由于强度较低，一般不易辨别。

利用建立的校正模型对光谱测定的未知多组分混合气体样本进行检验，得到气体各组分浓度结果输出。为了保证预测结果的准确，软件还建立了校正模型对未知样品光谱的适用性进行判断的功能。

2. 红外光谱分析流程图（图 5-11）

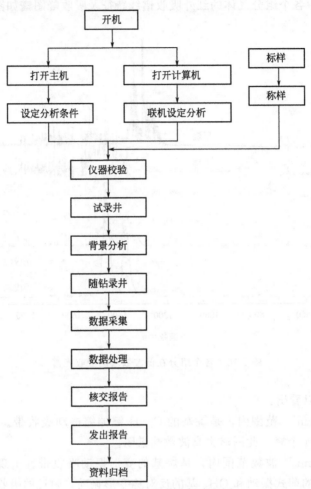

图 5-11　红外光谱分析流程图

学习情境六
资料解释评价

任务一 样品热解资料分析、评价

一、学习目标
① 真假油气显示识别。
② 通过热解资料能初步评价储层含油气性。

二、任务实施
(一) 数据接收与导出
① 接收录井现场发回的录井数据库,完井时接收录井现场发回来的热解数据库。
② 通过油气评价工作站软件,打开现场发回来的数据库,选中周期二选项,按井深将分析数据进行排序,删除多余数据,然后导出 Excel 格式文件和打印 PDF 格式文件。

(二) 解释井段的确定
① 对象:目标层。
② 界线:以同一岩性段作为目标层分层界线分析的基本单元,以可产出不同流体性质的界线作为目标层分层界线划分的依据。
③ 深度、厚度:以地球物理测井曲线为依据确定目标层的井段和厚度,钻井取心井段以岩心归位后确定的深度和厚度为准;无地球物理测井曲线的井段,根据录井资料进行确定。
④ 目标层划分最小单位:依据不同油区实际情况予以确定。

(三) 数据整理
① 现场解释根据气测或综合录井深度对地化样品深度进行校正归位。
② 室内解释根据岩屑、岩心录井综合图对地化样品深度进行校正归位。
③ 在钻井过程中,通常在钻井液中加入一定量的成品油、原油及有机添加剂、混油钻井液,根据热解谱图特征识别样品污染情况、岩石样品成品油及添加剂。

(四) 解释评价
1. 校正原始资料
复查岩屑、壁心、岩心样品,确定油气显示段,对原始资料进行校正。
2. 原油类型评价
根据热解参数数值范围划分原油类型,主要包括凝析油、轻质油、中质油、重质油、稠油，其评价指标参见表 6-1。

表 6-1　原油评价指标表

油质类型	IP_1	IP_2	IP_3	IP_4	PS
凝析油	>0.9				
轻质油		>0.8			>3
中质油			0.6~0.8		1~3
重质油				0.6~0.8	0.5~1
稠油					<0.5

注：IP_2 为轻质原油指数；IP_3 为中质原油指数；IP_4 为重质原油指数；PS 为原油轻重比指数。

3. 油水层评价

根据热解资料进行油气水解释评价，油水层评价内容包括油层、油水同层、含油水层、干层、水层，其评价指标参见表 6-2。

表 6-2　储集层不同油质的油水层特征

储层性质	$S_T/\text{mg} \cdot \text{g}^{-1}$			
	轻质油	中质油	重质油	稠油
油层	>8	>26	>47	>52
油水同层	6~8	16~26	38~47	37~52
含油水层	2.5~6	6~16	15~38	15~37
干层(水层)	<2.5	<6	<15	<15

4. 综合其他录井资料

根据综合录井资料、气测资料、地化资料、定量荧光等综合进行解释评价分析，初步评价油、气、水层。结合孔隙度进行油水层评价，见表 6-3。

表 6-3　储集层不同孔隙度的油水层特征

储层性质	$S_T/\text{mg} \cdot \text{g}^{-1}$		
	孔隙度大于25%	孔隙度10%~25%	孔隙度小于10%
油层	>44	>31	>29
油水同层	30~44	15~31	14~29
含油水层	6~30	6~15	—
干层(水层)	<6	<6	<14

（五）解释结果整理

解释结果填入储集岩热解地球化学录井成果表中，详细格式见工作具体要求。

三、注意事项

① 注意解释资料污染情况识别，辨别真假显示。
② 判断储层流体性质，要充分应用现场录井资料进行分析。

四、任务考核

1. 考核要求

① 如违章操作，将停止考核。

② 考核方式：本项目为实际操作任务，考核过程按评分标准及操作过程进行。

2. 配分、评分标准（表6-4）

表6-4　样品热解资料分析、评价评分标准

序号	考核内容	考核要求	考核标准	配分	得分
1	数据接收与导出	接收录井现场发回的录井数据库，完井时接收录井现场发回来的热解数据库	不会根据录井数据，正确接受录井现场发回的数据库扣5分	5	
		通过油气评价工作站软件，打开现场发回来的数据库，选中周期二选项，按井深对分析数据进行排序，删除多余数据，然后导出Excel格式文件和打印PDF格式文件	不会操作油气评价工作站软件的扣10分	10	
2	解释井段的确定	对目标层进行确定	未能正确确定目标层扣5分	5	
		界线：以同一岩性段作为目标层分层界线分析的基本单元，以可产出不同流体性质的界线作为目标层分层界线划分的依据	不知道界限常用的划分方法的扣10分	10	
		深度、厚度：以地球物理测井曲线为依据确定目标层的井段和厚度，钻井取心井段以岩心归位后确定的深度和厚度为准；无地球物理测井曲线的井段，根据录井资料进行确定	不会确定目标井段厚度扣5分；不会根据录井资料进行井段目标层及厚度测取，扣5分	10	
		目标层划分最小单位：依据不同油区实际情况予以确定	不会对地层进行划分扣5分	5	
3	数据整理	现场解释根据气测或综合录井深度对地化样品深度进行校正归位	不会校正归位扣5分	5	
		室内解释根据岩屑、岩心录井综合图对地化样品深度进行校正归位	不会根据录井图对样品进行归位校正扣5分	5	
		在钻井过程中，通常在钻井液中加入一定量的成品油、原油及有机添加剂，混油钻井液，根据热解谱图特征识别样品污染情况、岩石样品成品油及添加剂	不会识别样品污染情况、岩石样品成品油及添加剂的扣5分	5	
4	解释评价	复查岩屑、壁心、岩心样品，确定油气显示段，对原始资料进行校正	不会根据样品进行油气层段原始资料校正扣5分	5	
		根据热解参数数值范围划分原油性质，主要包括凝析油、轻质油、中质油、重质油、稠油，其评价指标参见表6-1	不会根据热解参数数值范围进行原油分类扣5分	5	
		根据热解资料进行油气水解释评价，油水层评价内容包括油层、油水同层、含油水层、干层、水层，其评价指标参见表6-2	不会根据热解资料进行油气水评价扣10分	10	
		根据综合录井资料、气测资料、地化资料、定量荧光等综合进行解释评价分析，初步评价油、气、水层。结合孔隙度进行油水层评价见表6-3	不能根据综合资料进行解释评价、分析扣5分	5	

续表

序号	考核内容	考核要求	考核标准	配分	得分
5	解释结果整理	解释结果填入储集岩热解地球化学录井成果表中，详细格式见工作具体要求	未将结果正确地填写在录井成果表中扣5分	5	
6	安全生产	按规定穿戴劳保用品	未按规定穿戴劳保用品扣10分	10	
			合计	100	
备注		时间为20min	考评员签字： 年 月 日		

3. 工具、材料、设备（表6-5）

表6-5 样品热解资料分析、评价工具、材料、设备

序号	名称	规格	单位	数量	备注
1	荧光灯		台	1	
2	放大镜		个	1	
3	计算机		台	1	

五、相关知识

（一）基础知识

岩石热解技术是在特殊的热解炉中对储油岩样品进行程序升温，使岩石中的烃类在不同温度下挥发和裂解，从而定量检测获得分析样品在不同温度范围内烃的含量。

1. 三峰法原始分析参数（图6-1）

S_0——小于等于90℃时检测到的单位质量岩石中烃类含量，mg/g；

S_1——90～300℃时检测到的单位质量岩石中烃类含量，mg/g；

S_2——300～600℃时检测到的单位质量岩石中烃类含量，mg/g。

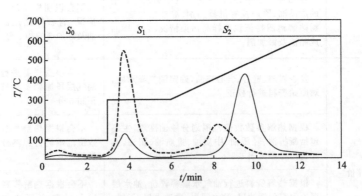

图6-1 三峰法热解谱图形态

2. 五峰法原始分析参数（图6-2）

S_0——小于等于90℃时检测到的单位质量岩石中烃类含量，mg/g；

S_1——90~200℃时检测到的单位质量岩石中烃类含量，mg/g；
S_{21}——200~350℃时检测到的单位质量岩石中烃类含量，mg/g；
S_{22}——350~450℃时检测到的单位质量岩石中烃类含量，mg/g；
S_{23}——450~600℃时检测到的单位质量岩石中烃类含量，mg/g。

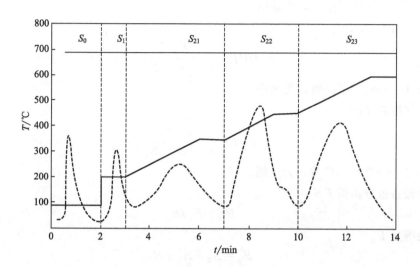

图 6-2　五峰法热解谱图形态

3. 计算参数

含油气总量 ST

$$S_T = S_0 + S_1 + S_2 + 10RC/0.9 \text{（三峰法）}$$

或

$$S_T = S_0 + S_1 + S_{21} + S_{22} + S_{23} + 10RC/0.9 \text{（五峰法）}$$

式中，10、0.9 分别为换算系数。

凝析油指数 P_1

$$P_1 = \frac{S_0 + S_1}{S_0 + S_1 + S_{21} + S_{22} + S_{23}} \tag{6-1}$$

式中　P_1——凝析油指数，无量纲。

轻质原油指数 P_2

$$P_2 = \frac{S_1 + S_{21}}{S_0 + S_1 + S_{21} + S_{22} + S_{23}} \tag{6-2}$$

式中　P_2——轻质原油指数，无量纲。

中质原油指数 P_3

$$P_3 = \frac{S_{21} + S_{22}}{S_0 + S_1 + S_{21} + S_{22} + S_{23}} \tag{6-3}$$

式中　P_3——中质原油指数，无量纲。

重质原油指数 P_4

$$P_4 = \frac{S_{22} + S_{23}}{S_0 + S_1 + S_{21} + S_{22} + S_{23}} \tag{6-4}$$

式中 P_4——重质原油指数,无量纲。

气产率指数 GPI

$$GPI = \frac{S_0}{S_0+S_1+S_2} \tag{6-5}$$

式中 GPI——气产率指数,无量纲。

油产率指数 OPI

$$OPI = \frac{S_1}{S_0+S_1+S_2} \tag{6-6}$$

式中 OPI——油产率指数,无量纲。

总产率指数 TPI

$$TPI = \frac{S_0+S_1}{S_0+S_1+S_2} \tag{6-7}$$

式中 TPI——总产率指数,无量纲。

原油轻重组分指数 PS

$$PS = S_1/S_2 \tag{6-8}$$

产烃潜量 P_g

$$P_g = S_0+S_1+S_2 \tag{6-9}$$

原油中重质烃类及胶质和沥青质含量 HPI

$$HPI = S_2/(S_0+S_1+S_2) \tag{6-10}$$

(二) 储层性质判别

1. 评价储层含油性和划分含油气等级

岩石热解分析输出参数 S_0、S_1、S_2 分别反映了储层中气态烃、液态烃、重质烃含量,S_1/S_2 反映了储层中可流动烃与不可流动烃含量的相对变化,含烃量指标 P_g 在一定程度上反映了储集层中含烃类物质的多少,P_g 值高,说明储集层中含烃类物质多,产油气的可能性就大,产能高;反之,储集层含烃类物质少,P_g 值就低,产油气的可能性就小,产能低。储层含油性和含油气等级划分标准见表 6-6。

表 6-6 储层含油性和含油气等级划分表

含油级别	饱含油	富含油	油浸	油斑	油迹
S_0	>0.25	0.10~0.25	0.05~0.10	0.01~0.05	0.005~0.01
S_1	>15	8~15	4~8	3~6	1~3
S_2	>11	6~11	3~6	2~5	1~2
S_1+S_2	>25	14~15	7~14	5~11	2~5
$S_1/(S_1+S_2)$	>0.5	0.3~0.5	0.2~0.3	0.1~0.2	<0.1

2. 含油饱和度

含油饱和度就是单位孔隙体积内油所占的体积百分数。用岩石热解分析的含油气总量 S_T(mg/g)值及原油密度(g/cm³)值,通过岩石孔隙度(%)及岩石密度(g/cm³)值来计算单位体积储油岩孔隙中油所占据的体积百分数。

$$S_T = \frac{W_油}{W_岩} = \frac{V_油 \times \rho_油}{V_岩 \times \rho_岩} \tag{6-11}$$

$$S_0 = \frac{V_{油}}{V_{岩} \times \phi_e} \times 100\% = \frac{W_{油} \rho_{岩}}{\rho_{油} W_{岩} \phi_e} \times 100\% \qquad (6-12)$$

$$V_{岩} = \frac{W_{岩}}{\rho_{岩}} V_{油} = \frac{W_{岩}}{\rho_{油}} \qquad (6-13)$$

$$S_0 = \frac{W_{油} \rho_{岩}}{\rho_{岩} \phi_e} = \frac{S_T \times \rho_{岩}}{\rho_{油} \times \phi_e \times 1000} \times 100\% = \frac{S_T \times \rho_{岩} \times 10}{\rho_{油} \times \phi_e} \qquad (6-14)$$

含油饱和度的计算受岩石孔隙度的测量、岩石密度、地层原油密度参数的选取等因素的控制与影响，造成储岩含油饱和度与理论计算值之间存在着差异。热解法测得的总烃量 S_T 为单位质量储层岩样的含烃量，现场一般直接利用热解分析结果 S_T 来进行初步判别储层含油性。在孔隙度一定时，S_T 值的变化就是含油饱和度的变化。

3. 地化亮点识别法

通过大量分析研究工作，派生参数 M 值被称为地化亮点，$M = P_g (S_0 + S_1)/S_2$，研究发现中-重质油层 P_g 值大，$(S_0 + S_1)/S_2$ 值小，轻质油层 P_g 值小，$(S_0 + S_1)/S_2$ 值较大，两者相乘后 M 值得到互补，当地化亮点出现高值，则表示油层特征较好。如图 6-3 所示，表现出地化亮点在解释过程中的应用

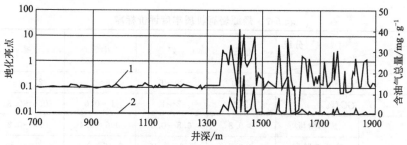

图 6-3 地化亮点在解释过程中的应用图
1—地化亮点；2—含油气总量

4. 储层层内与层间对比法

油层一般物性较好且较均匀，S_1 呈现明显的高值，储层上下差异小，剖面数据曲线呈"箱状"形态。当其受沉积韵律及物性影响时，则物性较差部分呈现低值，物性较好部分呈现高值。

油水同层由于受油水分布规律的影响呈现 3 段分布：上部以油为主，中部油水接近，下部以水为主。反映到地化录井数据上，呈现 S_1 上部值高、下部值低的下降形态。

水层 S_1 呈较低值，TPI 呈低值层，或 S_1 呈高值，TPI 呈极低值。曲线形态明显较油水同层低，偶尔可能出现个别占分析值高，可能是层中物性较差的残余油的部分。

干层主要受物性的影响，S_1 曲线烃含量变化较大，形态呈"指状""单峰状""齿状"；但也有形态变化无规律，主要受钻时的影响，个别点可能出现高值，但延续性差，TPI 总体较小，如图 6-4 所示。

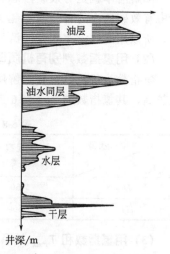

图 6-4 储层层内与层间对比图

（三）烃源岩评价

烃源岩生成油气的数量和质量主要受烃源岩埋藏时间和温度因素的影响，烃源岩埋藏深度越深生烃能力越强，深度的增加也使温度不断增加，有机质热演化程度不断增强，同时烃源岩产烃能力还取决于烃源岩的有机质类型和有机质丰度。烃源岩的全面评价就是围绕着有机质丰度、有机质母质类型和有机质成熟度这3个因素进行的。

1. 有机质丰度

目前，国内外使用的烃源岩有机质丰度下限值并不一致，泥质烃源岩目前在国内外已经形成了相对统一的认识，一般采用有机碳的0.3%～0.5%作为泥质烃源岩丰度的下限，碳酸盐岩烃源岩有机碳的下限值比泥质烃源岩低一些。目前，常用的烃源岩丰度评价标准有黄第藩（1990）的陆相烃源岩评价标准、1995年颁布的我国咸水-超咸水陆相烃源岩有机质丰度分级评价标准（SY/T 5735—1995）和陈建平（1997）的煤系烃源岩有机质丰度评价标准，以及秦建中（2005）提出的我国陆相湖泊烃源岩有机质丰度评价标准。综合考虑国内外研究成果，建议 TOC 采用0.1%作为碳酸盐岩烃源岩的有机质丰度下限。低熟或成熟碳酸盐岩烃源岩的有机质丰度下限采用高于0.1%的值，高成熟和过成熟碳酸盐岩烃源岩有机质丰度下限则采用0.1%的值。结合鄂尔多斯盆地的实际，评价标准见表6-7。

表6-7　烃源岩有机质丰度评价标准

参数		分级	极好	好	中等	差	非烃源岩
泥质烃源岩	$P_g/\text{mg} \cdot \text{g}^{-1}$		>20	20～6	6～2	2～0.5	<0.5
	$TOC/\%$		>2	2～1	1～0.6	0.6～0.3	<0.3
碳酸盐岩	$TOC/\%$	成熟阶段	>0.8	0.8～0.6	0.6～0.4	0.4～0.2	<0.2
		高成熟阶段	>0.6	0.6～0.45	0.45～0.3	0.3～0.15	<0.15
		过成熟阶段	>0.45	0.45～0.35	0.35～0.2	0.2～0.1	<0.1

2. 有机质母质类型

(1) 用降解潜率判别有机质母质类型

降解潜率就是有效碳占总有机碳的百分率，有机质的类型越好、有效碳越多，在总有机碳中有效碳所占的百分率也越大（表6-7）。随着烃源岩成熟度的增高，其降解潜率逐渐变小，所以用降解潜率划分烃源岩有机质类型只适用于未成熟或低成熟烃源岩。

(2) 用氢指数判别有机质母质类型

氢指数为每克有机碳热解所产生的烃量（mg），其意义与降解潜率相类似，烃源岩成熟度越高，其氢指数越小（表6-8）。

表6-8　降解潜率评价有机质母质类型评价标准

指数 类型	腐泥型 （Ⅰ类）	腐殖腐泥型 （Ⅱ1类）	腐泥腐殖型 （Ⅱ2类）	腐殖型 （Ⅲ类）
D	>50	>20～50	10～20	<10
HI	>600	600～250	250～150	<150

(3) 用氢指数和 T_{max} 关系判别有机质母质类型

各类有机质有一定的氢指数范围，而且其氢指数随成熟度（T_{max}）值的增高而沿着一定的轨道逐渐变小，通过各类烃源岩的热演化模拟实验结果，制成氢指数 HI 和 T_{max} 关系图版，通过把分析岩样的氢指数和 T_{max} 值投点到有机质母质类型评价图版（图 6-5、图 6-6 和图 6-7）上，投点离哪类曲线近，则判断是哪一类有机质。

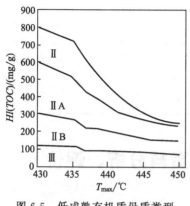

图 6-5　低成熟有机质母质类型

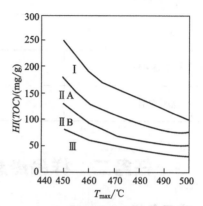

图 6-6　高成熟有机质母质类型

3. 有机质成熟度

(1) 用热解烃峰（S_2）峰顶温度 T_{max} 值判断烃源岩的成熟度

T_{max} 值随着成熟度的增高而增大，这是由于烃源岩中的干酪根热解生成油气时，热稳定性差的部分先热解，余下部分有机质需要更高的温度来进行热解，这样就使热解生烃量最大时的温度 T_{max} 值随成熟度增大而不断升高。烃源岩成熟判别标准见表 6-9。

(2) 用产率指数 PI 判断烃源岩的成熟度

产率指数是烃源岩的游离烃 S_1 与热解烃 S_2 之和的比值。烃源岩在热演化过程中不断生成烃类，使 S_1 变大，相对使 S_2 变小。此产率指数可看作在一定成熟度

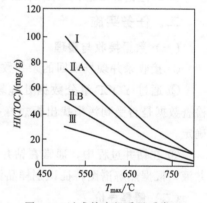

图 6-7　过成熟有机质母质类型

下的产烃率或转化率，但这只是指残余烃，因为 S_1 是烃源岩中已生成未运移走的残存油气，而且受取样条件影响很大，使之代表性差。所以产率指数值并不能反映烃源岩达到某一成熟度的范围，只能反映烃源岩进入生油门限后，随成熟度的增高产率指数逐渐变大。在过成熟阶段，由于取样时气态烃的损失，而导致产率指数的变小，因而产率指数要与 T_{max} 配合使用。如表 6-10 所示。

表 6-9　烃源岩成熟度判别表

温度及类别	成熟度	过成熟	高成熟	成熟	低成熟	未成熟
$T_{max}/℃$	Ⅰ类	>490	490~460	465~450	460~437	<437
	Ⅱ类	>490	490~455	460~447	455~435	<435
	Ⅲ类	>505	505~460	470~445	460~432	<432

表 6-10　烃源岩定量评价分级表

烃源岩分级	S_t/(mg/g)	PC/%
极好烃源岩	>20	>1.66
好烃源岩	6～20	0.5～1.66
中等烃源岩	2～6	0.17～0.50
差烃源岩	<2	<0.17

任务二　样品热蒸发烃资料分析、评价

一、学习目标
① 判别油气显示情况及储层受污染情况。
② 通过谱图形态判断原油性质、储层含油气性、流体性质等。

二、任务实施

（一）数据接收与整理
① 接收录井现场发回的录井数据，完井时接收录井现场发回来的组分数据库。
② 通过 YQZF 组分数据处理软件，打开现场发回来的"HW"数据文件，打开谱图，检查数据是否受到污染找出标志峰 C_{17}、Pr、C_{18}、Ph，确定好标志峰后，其他峰依次排列确定。
③ 在钻井过程中，通常在钻井液中加入一定量的成品油、原油及有机添加剂、混油钻井液，根据热解谱图特征识别样品污染情况、岩石样品成品油及添加剂。

（二）解释评价
① 复查岩屑、壁心、岩心样品，确定油气显示段，对原始资料进行校正。
② 原油性质评价。
③ 根据组分谱图形态判断储层在钻井过程中是否受到钻井液污染，如果储层样品受到钻井液污染则不对样品进行分析，如没受到钻井液污染则需要进一步分析。
④ 观察分析组分谱图，判断储层原油是否发生生物降解，分析储层原油性质和流体性质，综合进行解释评价。

三、注意事项
① 谱图真假显示区别。
② 不同油质类型谱图表现形式不同，注意区分。

四、任务考核

1. 考核要求
① 如违章操作，将停止考核。
② 考核方式：本项目为实际操作任务，考核过程按评分标准及操作过程进行。

2. 评分标准（表6-11）

表6-11 样品热蒸发烃资料分析、评价评分标准

序号	考核内容	考核要求	考核标准	配分	得分
1	数据接收与整理	会接收录井现场发回的录井数据，完井时接收录井现场发回来的组分数据库	不会整合录井数据扣10分；不会整合接收组分数据库扣10分	20	
		能正确使用YQZF组分数据处理软件，确定标志峰而后对其他峰进行排序	不会使用YQZF组分数据处理软件扣15分	15	
		能根据热解特征进行样品污染情况识别，对岩石样品成品油及添加剂热解分析谱图特征进行识别	不会对污染情况进行识别扣5分；不会进行热解分析谱图识别扣5分	10	
2	解释评价	能正确复查岩屑、壁心、岩心样品，确定油气显示段，对原始资料进行校正	不会对原始数据进行校正扣10分	10	
		能根据组分谱图形态判断储层在钻井过程中是否受到钻井液污染，如果储层样品受到钻井液污染则不对样品进行分析，如没受到钻井液污染则需要进一步分析	不会根据组分谱图进行钻井液污染判断扣10分	10	
		能独立完成组分谱图的分析工作，判断储层原油是否发生生物降解，分析储层原油性质和流体性质，综合进行解释评价	不能独立完成谱图分析工作扣5分；不能正确判断储层是否发生生物降解扣10分；不能正确分析储层原油物性等参数扣10分	25	
3	安全生产	按规定穿戴劳保用品	未按规定穿戴劳保用品扣10分	10	
			合计	100	
备注		时间20min	考评员签字： 年 月 日		

3. 工具、材料、设备（表6-12）

表6-12 样品热蒸发烃资料分析、评价工具、材料、设备

序号	名称	规格	单位	数量	备注
1	荧光灯		台	1	
2	放大镜		个	1	
3	计算机		台	1	

五、相关知识

(一) 分析原理

"热蒸发"是指通过加热使一种化合物转化为其他相态化合物的变化过程。热蒸发气相色谱分析原理是将样品在热解炉中加热到300~350℃，使存在于储集岩孔隙或裂缝中的油气组分挥发，用气相色谱分离这些产物，并通过FID检测器检测，由计算机自动记录各组分的色谱峰及其相对含量（图6-8）。为了避免储层原油中较重烃类热裂解成轻烃或烯烃，导致分析的烃类组分分布失真，热蒸发烃分析的温度必须控制在小于350℃。

图6-8 油气组分综合评价仪分析流程图

(二) 解释评价应用

1. 识别真假油气显示

在油气勘探工作中，发现和识别真假油气显示是地质录井的首要项目，是准确评价储层流体性质的前提和保证。由于任何组成一定的有机物质通过热蒸发烃气相色谱分析都可以得到一组固定不变的色谱组分峰，有机物不同组分峰各异。不同的油气显示具有不同的组分组成，其分析峰形不尽相同。且气相色谱对于特殊有机质的输入也很敏感，钻井过程中加入的各种有机添加剂，也可以分析出不同的色谱峰，其与正常原油组分具有明显的差异性。因此，可利用热蒸发烃气相色谱分析技术，快速、有效地排除样品污染，当样品分析时出现异常峰，便可分析添加剂热蒸发烃色谱流出曲线，与已分析被污染样品色谱流出曲线相对照，这样利用化学性质和组分特征便可有效判断真假油气显示。

当不确定何种添加剂影响的时候，一般选取一些泥浆样品进行色谱分析后确定。如某井在2162m和1352m见灰色荧光细砂岩，测井电阻率较高，达到78Ω·m，通过热解气相色谱分析，显示PF-LVBE润滑剂的影响造成岩屑假显示（图6-9）。

2. 识别储层原油性质

原油性质分析是含油丰度评价的基础，对划分油水系统、分析储层产能具有重要作用。石油是由烷烃、环烷烃和芳香烃及不等量的胶质和沥青质组成。组成石油烃类碳数不同、胶质及沥青质含量不同，原油油质轻重也不相同。储层原油性质一般划分方法见表6-13所示。天然气和石油均是不同碳数烃类的混合物，所谓干气、湿气、凝析油、轻质油、中质油、重质油之分，主要是所含不同碳数烃类的比例不同，含碳数小的烃类多则油轻，含碳数大的烃类多则油重。因此，根据谱图形态，基本可准确识别储层原油性质（图6-10）。

表6-13 不同原油性质的原油密度及碳数范围数据表

原油性质	原油密度/(g/cm³)	碳数范围
凝析油	<0.74	C_1~C_{20}
轻质油	0.74~0.82	C_1~C_{28}
中质油	0.82~0.90	C_{10}~C_{32}
重质油	0.90~0.94	C_{15}~C_{40}
稠油	>0.94	杂原子化合物

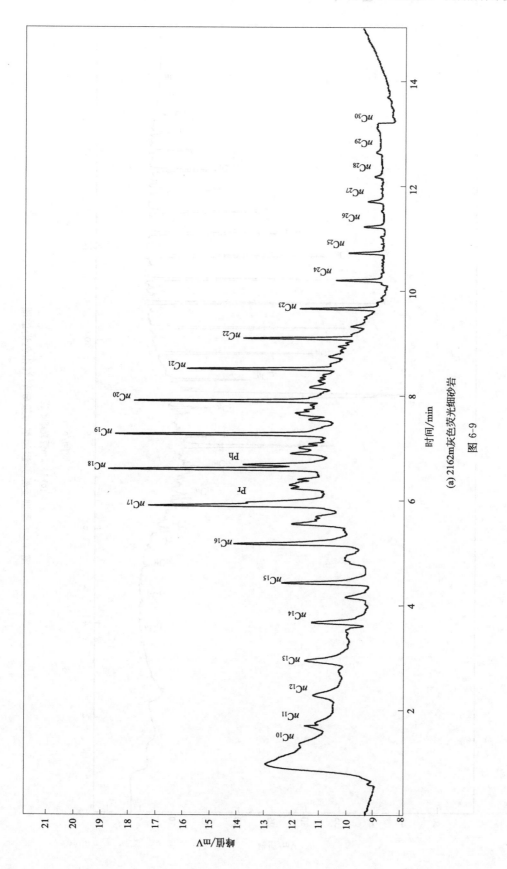

图 6-9 (a) 2162m灰色荧光细砂岩

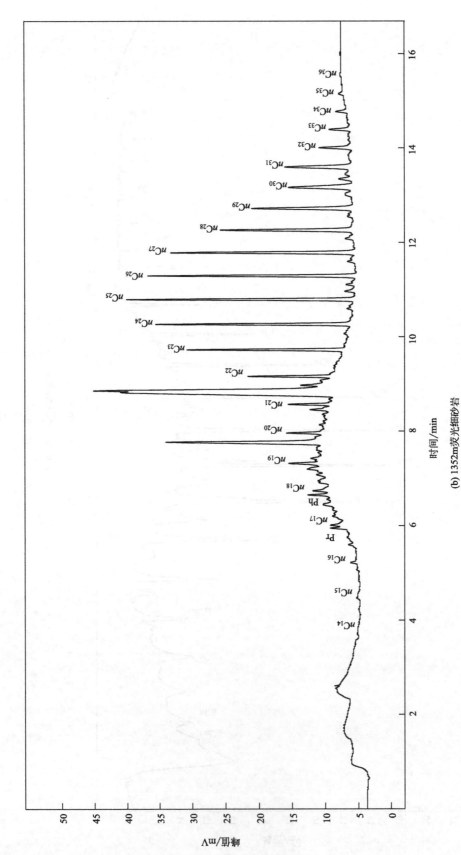

图 6-9 典型受钻井添加剂污染砂岩气相色谱图
(b) 1352m荧光细砂岩

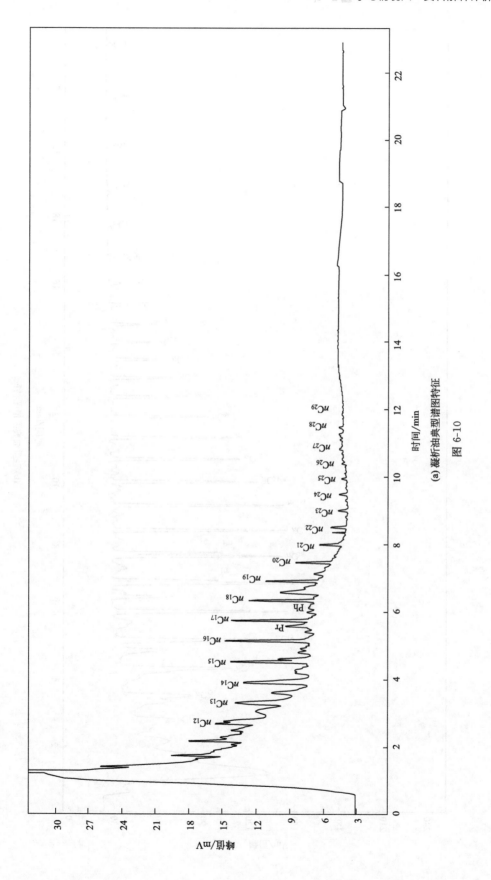

(a) 凝析油典型谱图特征

图 6-10

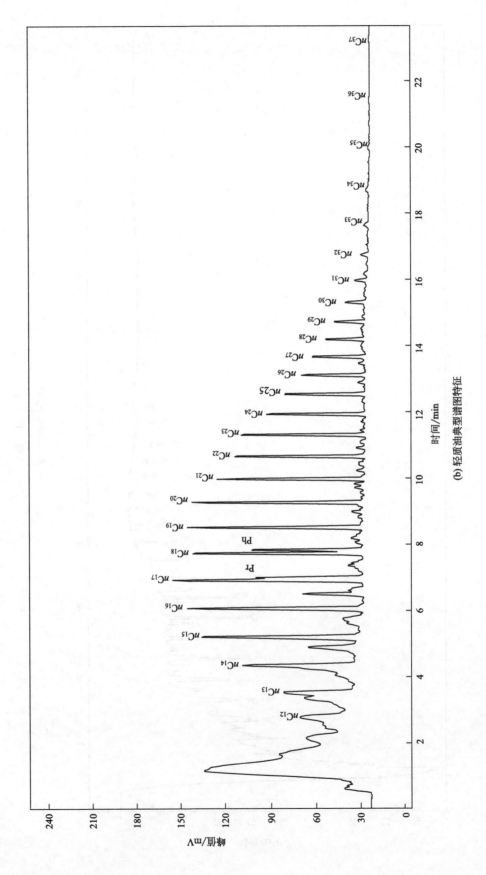

(b) 轻质油典型谱图特征

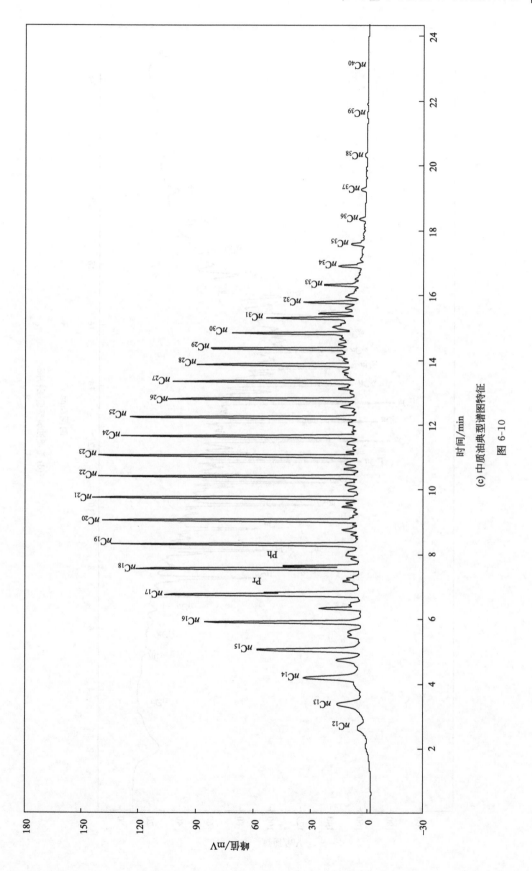

(c) 中质油典型谱图特征

图 6-10

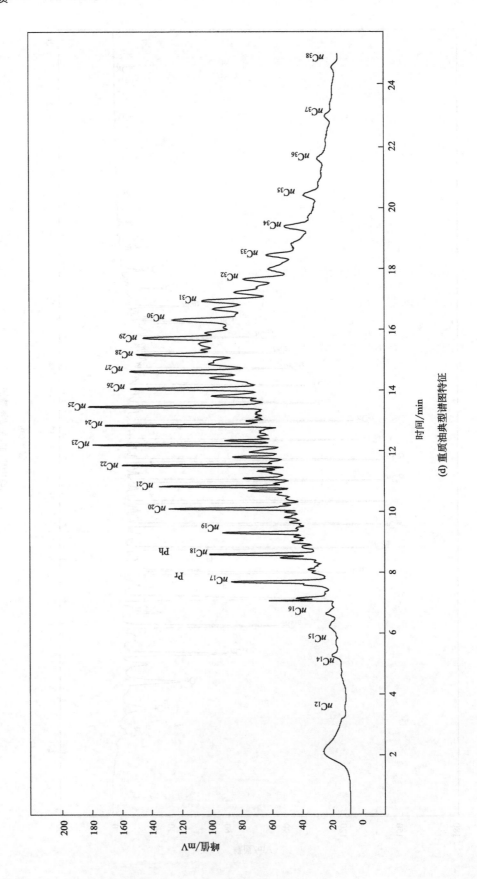

(d) 重质油典型谱图特征

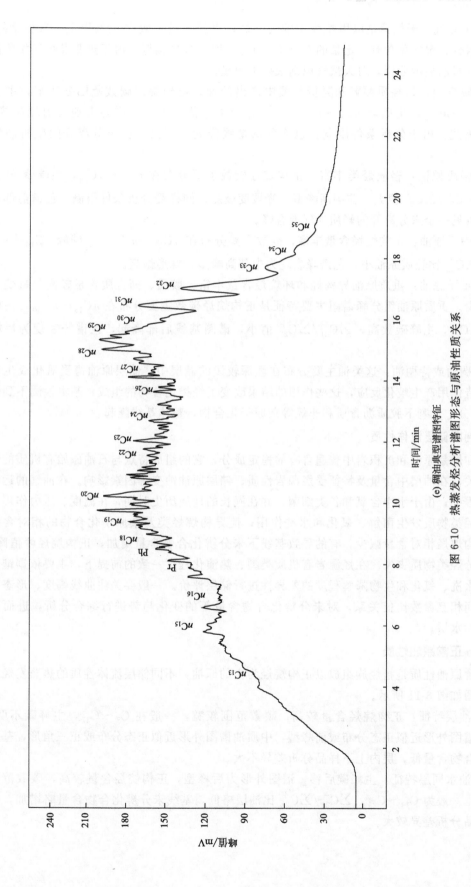

图 6-10 热蒸发烃分析谱图形态与原油性质关系
(e) 稠油典型谱图特征

① 天然气：干气藏是以甲烷为主的气态烃，甲烷含量一般在90%以上，有少量的C_2以上的组分；湿气藏含有一定量的$C_2 \sim C_5$组分，甲烷含量偏低。由于热蒸发烃气相色谱分析主要针对油显示分析，对天然气识别效果不明显。

② 凝析油：是轻质油藏和凝析气藏中产出的油，正构烷烃碳数范围分布窄，主要分布在$nC_1 \sim nC_{20}$，主碳峰$nC_8 \sim nC_{10}$，$\sum C_{21}^- / \sum C_{22}^+$值很大，色谱峰表现为前端高峰型，峰坡度极陡。由于分析条件限制，色谱前部基线隆起，可见一个未分离开的凝析油气混合峰。

③ 轻质原油：轻质烃类丰富，正构烷烃碳数主要分布在$nC_1 \sim nC_{28}$，主碳峰$nC_{13} \sim nC_{15}$，$\sum C_{21}^- / \sum C_{22}^+$值大，前端高峰型，峰坡度极陡。同样受分析条件限制，色谱前部基线隆起，可见一个未分离开的轻质油气混合峰。

④ 中质原油：正构烷烃含量丰富，碳数主要分布在$nC_{10} \sim nC_{32}$，主碳峰$nC_{18} \sim nC_{20}$，$\sum C_{21}^- / \sum C_{22}^+$比轻质原油小，色谱峰表现为中部高峰型，峰形饱满。

⑤ 重质原油：重质原油异构烃和环烷烃含量丰富，胶质、沥青质含量较高，链烷烃含量特别少。重质原油组分峰谱图主要特征是正构烷烃碳数主要分布在$nC_{15} \sim nC_{40}$，主碳峰$nC_{23} \sim nC_{25}$，主峰碳数高，$\sum C_{21}^- / \sum C_{22}^+$值小，谱图基线后部隆起，色谱峰表现为后端高峰型。

⑥ 稠油或特稠油：这类油主要分布在埋深较浅的储层中，储层原油遭受氧化或生物降解等改造作用产生歧化反应，这些作用的结果改变了烃类化合物的组成，基本检测不到烷烃（蜡）组分，只剩下胶质沥青质和非烃等杂原子化合物，整体基线隆起。

3. 判断储层流体性质

饱和烃是原油和沉积岩中普遍含有的稳定成分，它的组成特点与石油原始有机质的性质密切相关，在油层中含量及特征受烃源岩性质、储层原油蚀变等因素影响。在油气的运聚与成藏过程中，由于水中含氧和各类细菌，并在漫长的地质历史时期，在温度、压力作用下与储岩中烃类物质发生菌解、氧化和水洗作用，使异构烷烃类及杂原子化合物的相对含量增加，正构烷烃相对含量减少，有的导致基线下未分辨化合物含量增加，正构烷烃峰值降低，甚至部分烃类物质丧失。在烃源岩有机质类型、热演化程度一致的前提下，主要依据饱和烃组分的水洗、氧化和生物降解程度的差异性进行储层评价。一般要关注曲线幅度、形态、组分参数间相互参数比值关系，对未分辨化合物含量等的变化趋势进行综合分析，进而识别油、气、水层。

(1) 正常原油性质

正常原油性质是指烃族组成以正构烷烃为主的原油，不同储层流体性质的热蒸发烃气相色谱谱图如图6-11所示。

① 油层特征：正构烷烃含量较高，碳数范围较宽，一般在$C_8 \sim C_{37}$，主峰碳不明显，轻质油谱图外形近似正态分布或前峰型，中质油谱图外形近似正态分布或正三角形，基线未分辨化合物含量低，层内上下样品分析差异不大。

② 油水同层特征：主峰碳后移，谱图外形为后峰型，正构烷烃含量较高，碳数范围较油层窄，一般为$C_{13} \sim C_{29}$，$\sum C_{21}^- / \sum C_{22}^+$比油层略低，基线未分辨化合物含量略增加，层内上下样品分析差异较大。

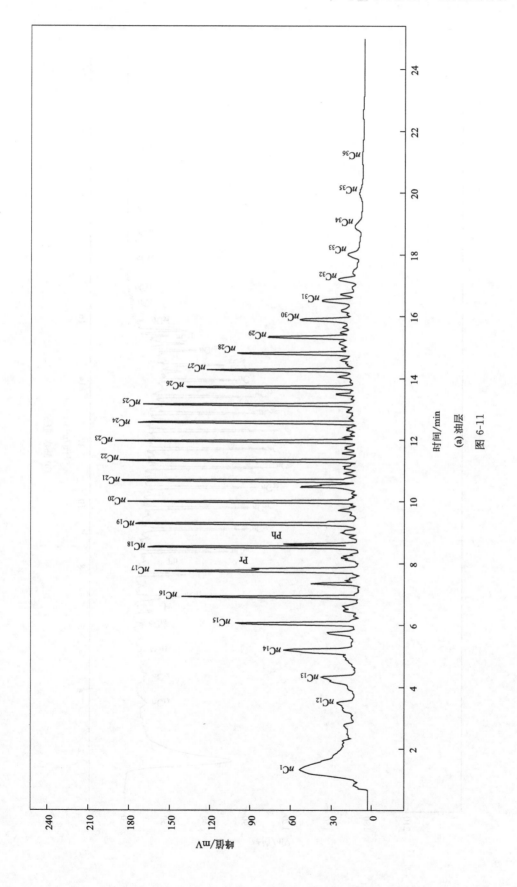

图 6-11 (a) 油层

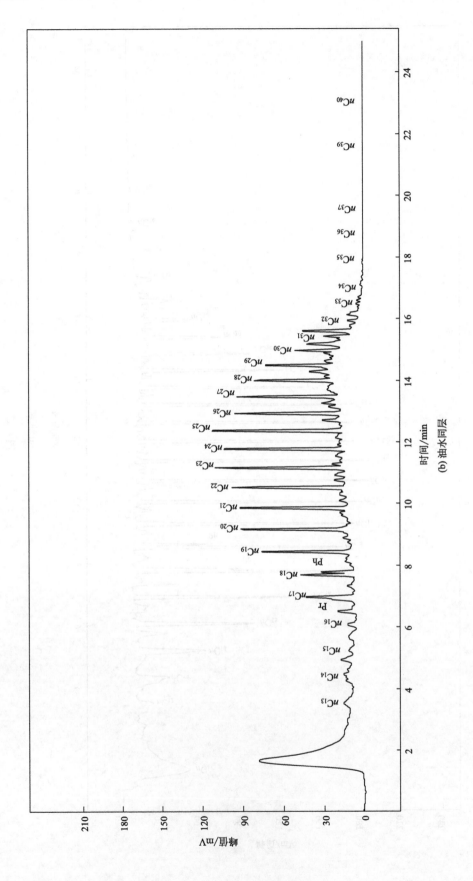

(b) 油水同层

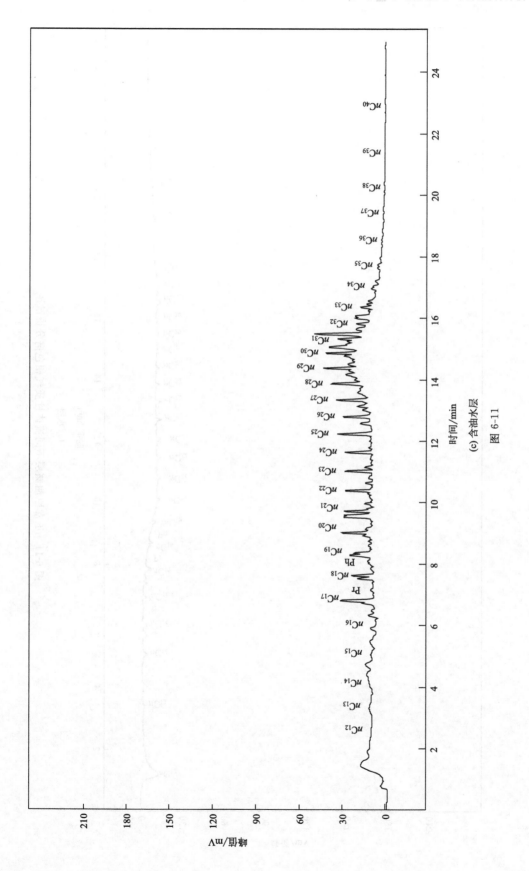

(c) 含油水层

图 6-11

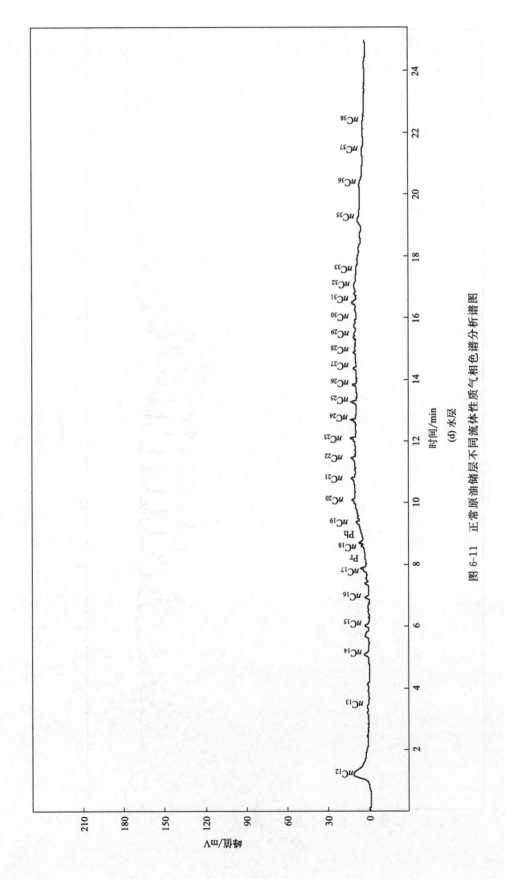

图 6-11 正常原油储层不同流体性质气相色谱分析谱图
(d) 水层

③ 含油水层特征：正构烷烃含量降低，碳数范围较油层窄，一般为 $C_{15} \sim C_{29}$，$\Sigma C_{21}^-/\Sigma C_{22}^+$ 比油水同层低，基线未分辨化合物含量高，Pr/nC_{17}、Ph/nC_{18} 有增大的趋势。

④ 水层的特征：不含任何烃类物质的水层，气相色谱的分析谱图为无任何显示的一条直线。含有烃类物质的水层，正构烷烃含量极低，碳数范围窄，基线未分辨化合物含量高。

统计某油田不同储层流体性质热蒸发烃气相色谱分析参数，计算经样品进样量校正后的总峰面积（正构烷烃、姥鲛烷、植烷面积之和）、未分辨峰化合物的面积，并计算总峰面积与未分辨峰面积的比值，通过总峰面积和分辨与未分辨峰面积的比值参数建立相应关系图版（图 6-12），对储层油质进行判断。

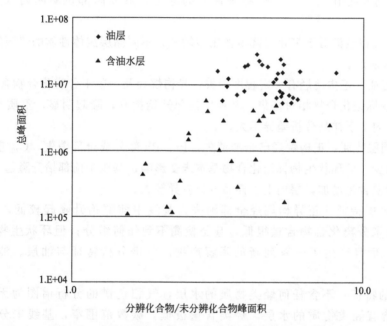

图 6-12　总峰面积与分辨化合物/未分辨化合物关系图版

(2) 氧化或生物降解型稠油

氧化或生物降解型稠油是指在油气的运聚与成藏过程中，储层原油遭受破坏和改造，微生物有选择地消耗某些类型的烃，随着这些烃类物质不断地被消耗，原油变得越重越稠。随着生物降解程度的加深，原油中烃类被消耗的先后顺序为：正构烷烃、类异戊间二烯烷烃、二环倍半萜烷、规则甾烷、五环三萜烷、重排甾烷、四环二萜烷和伽马蜡烷，其结果使原油的硫、非烃、特别是沥青质含量相对增加。根据烃类被消耗程度的不同所引起的地球化学特征差异，一般成因分为以下几种情况。

① 水洗、氧化型稠油　石油运聚总是与地层水相伴生。地表水与地层水发生联系，并携带着氧和细菌进入油藏系统，使石油发生稠化作用。单就水洗作用而言，一般原油的成分不会受太大的影响，它只不过将原油中易溶于水的轻质组分带走，使原油变重、变稠。因此，水洗作用对原油的稠化作用的影响并不明显，而氧化作用则有较大影响。一般水洗、氧化作用多发生在凹陷的斜坡或长期隆起地带。这些地区由于油藏埋深浅、又处于地表水与地

下水的交替活跃区，所以是水洗、氧化作用较强的区域。

② 原生稠油　原生稠油是指石油从烃源岩中排出时形成的高密度、高黏度原油或在运移、聚集过程中因各种分异作用而稠化的产物。原生稠油以未成熟-低成熟型稠油为主。分异作用使原油稠化主要发生在构造活动强烈、盆地后期抬升、保存条件较差的、油气轻组分易于散失的地区。

4. 运移聚集过程中的分异作用

油气在运移聚集过程中必然会受重力分异作用，因而在单个圈闭内常表现为气顶、中油、底水，油呈现上轻下重的分布规律。由于地层压差作用形成的势能，使区域构造带上的一系列埋深不同的圈闭内油气形成"正常聚集"和"差异聚集"两种情况。"正常聚集"表现为随着油气运移距离的增大，低部位圈闭内气/油低，原油物性差。"差异聚集"则发生在气量高、保存条件好的地区，造成高部位圈闭内气/油低，原油物性差。

热蒸发烃气相色谱对于氧化或降解作用很敏感，不同储层流体性质的热蒸发烃气相色谱谱图如图6-13所示。

① 油层特征：正构烷烃有一定程度损失，异构烷烃及一些未分辨化合物含量较大，Pr、Ph和环状生物标记化合物相对富集，基线中前部开始抬升，隆起明显，重质及胶质沥青质含量增加，层内上下样品分析差异不大。

② 油水同层特征：正构烷烃已全部消失，Pr、Ph部分或全部消失，C_{30}前未分辨化合物含量逐渐减少，但环状生物标记化合物基本未受影响；基线中前部抬升隆起比油层低，重质及胶质沥青质含量增加，层内上下样品分析差异较大。

③ 含油水层特征：正异构烷烃全部消失，基线中前部抬升隆起较低，Pr、Ph全部消失；C_{30}前未分辨化合物含量很低，甚至检测不到任何组分；但环状生物标记化合物全部被降解，而且产生了一系列新的降解产物。色谱分析特征与油层、油水同层有较大差异。

④ 水层的特征：不含任何烃类物质的水层，气相色谱的分析谱图为无任何显示的一条直线。含有烃类物质的水层，烃类含量极低，碳数范围窄，基线未分辨化合物含量高。

统计某油田稠油热蒸发烃气相色谱分析参数，按油层色谱谱图特征，依据保留时间将色谱流出曲线中的两个谷点向下做基线切割，定义为轻、中、重3个部分，并分别计算其包络线部分的面积（图6-14）。通过中重部分面积和经样品进样量校正后的总峰面积的比值参数与总峰面积建立相应关系图版（图6-15），对储层流体性质进行判断。

在大多数体系中，由于生物降解作用和水洗作用密切伴生。水洗作用可发生于运移通道中被水饱和的输导层中，也可在油气成藏以后作用于接近油水界面的油气。油气在运移过程中所经历的改造不同，沿油气运移方向有两种运移结果。一种是分异作用，即沿着油气运移的方向油气发生分异作用使得轻组分散失，残留下的原油成为相对高比重、高黏度的重质油藏，色谱特征参数表现为沿着油气运移方向$\sum C_{21}^{-}/\sum C_{22}^{+}$值的增加，正烷烃主峰值OEP逐渐降低；另一种，油气在运移过程中，氧化和生物降解作用起主导作用，正构烷烃从部分消耗至消耗殆尽，严重生物降解等作用可以使异构烷烃和烷烃进一步消耗，油气运移后所形成的油气藏就成为相对的。

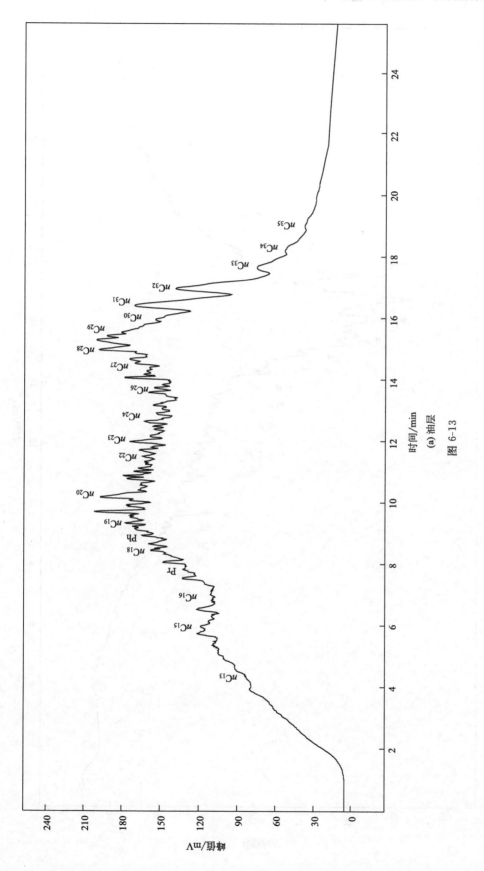

图 6-13 (a) 油层

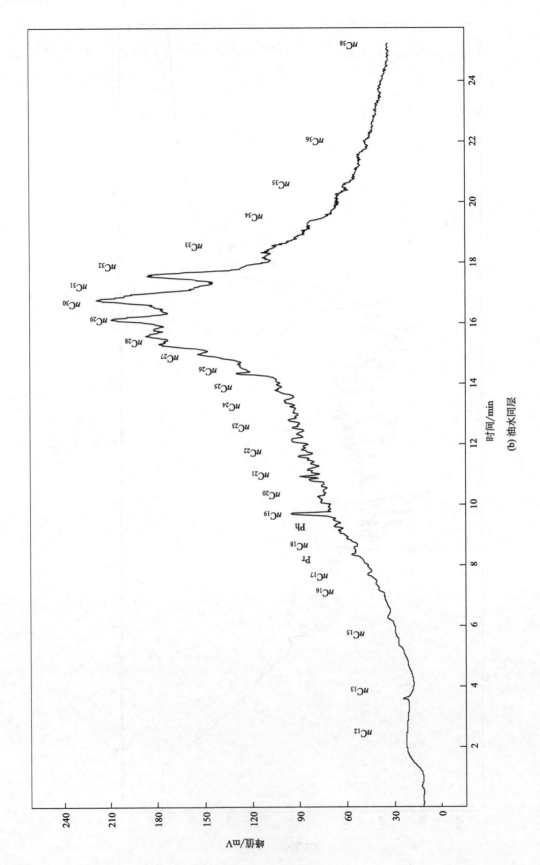

(b) 油水同层

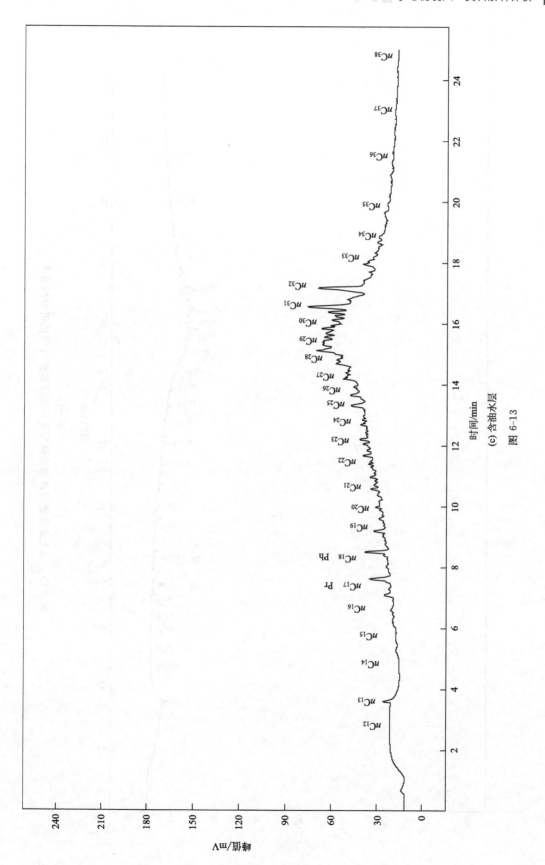

(c) 含油水层

图 6-13

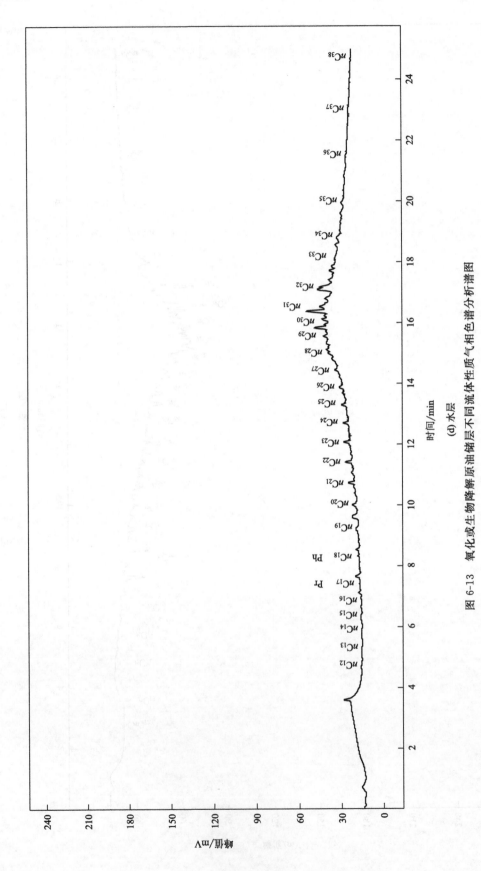

图 6-13 氧化或生物降解原油储层不同流体性质气相色谱分析谱图
(d) 水层

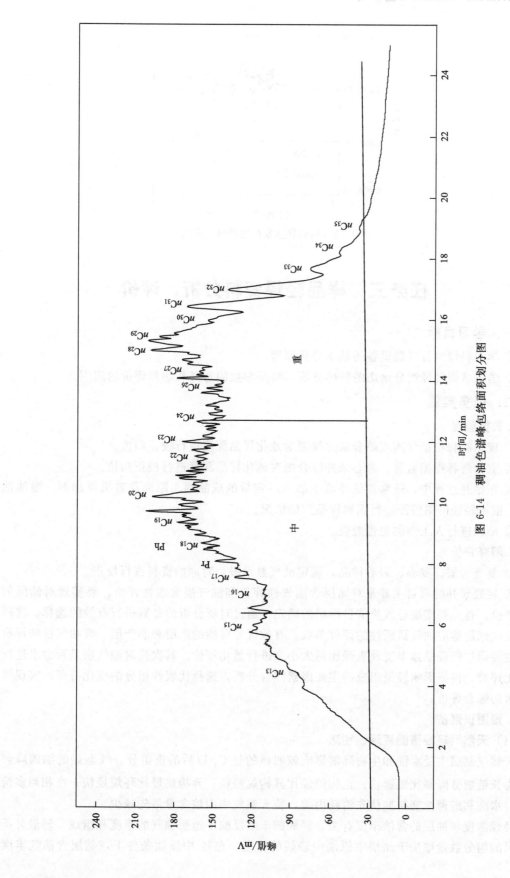

图 6-14 稠油色谱峰包络面积划分图

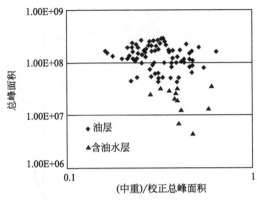

图 6-15 稠油热蒸发烃色谱解释图版

任务三 样品轻烃资料分析、评价

一、学习目标

① 学习轻烃组分仪器设备的基本分析原理。
② 学习掌握轻烃组分谱图的整体分析,特征参数的意义和解释评价的应用。

二、任务实施

1. 数据整理

① 现场解释根据气测或综合录井深度对地化样品深度进行校正归位。
② 室内解释根据岩屑、岩心录井综合图对地化样品深度进行校正归位。
③ 在钻井过程中,通常在钻井液中加入一定量的成品油、原油及有机添加剂、混油钻井液,根据轻烃谱图特征进行识别样品污染情况。
④ 准确进行人工谱图定性处理。

2. 解释评价

① 复查岩屑、壁心、岩心样品,确定油气显示段,对原始资料进行校正。
② 轻烃录井的项目主要是对储层含油气性评价和油气层含水性评价。要实现对储层的客观评价,首先要实现有效价值目标层的确定,通过对所分析的参数进行有效的选择,选择出能反映储层地层油气活跃性的评价参数,有效区分可能的产层和非产层。含油气性的评价参数主要通过轻烃总体丰度及重烃比例大小来进行量化评价。其次是对油气层是否含水进行精细化评价。根据影响轻烃组成的主要因素综合分析,选择代表性组分的变化特征,实现储层含水的综合评价。

3. 谱图识别法

(1) 天然气轻烃谱图直观识别法

天然气储层中受水洗和生物降解影响较明显的是 C_2 以后的重组分。气态烃的细菌降解特征为长链成分降解比短链快;正构烷烃比异构烷烃快;异构烷烃比环烷烃快;在相当多情况下,水洗和细菌蚀变初期优先消耗丙烷,使天然气中丙烷含量最先减少。

轻烃浓度和油层的含油丰度有关,轻烃的丰度反映了地层油气的丰度和组成。轻烃分析检测出的组分数量取决于储层中原油中轻烃的含量。在轻-中质油条件下,储层含油气丰度越高，所溶解的轻烃个数和含量越大，当轻烃组分数量很少时，指示储层不含油。主要评价参数：

① $\Sigma(C_1 \sim C_9)$、$\Sigma(C_6 \sim C_9)$、$\Sigma(C_6 \sim C_9)/\Sigma(C_1 \sim C_5)$：数值的大小是判别储层是否具有油气显示的重要指标，值越大，反映地下储层油气含量越高，当地下水在流动过程中冲洗油层时，原油中的部分可溶组分将被地下水带走，使储层岩石的含油丰度降低。

② 反映不同碳数轻烃变化趋势参数（轻中烃比率、轻重烃比率、重中烃比率），定义如下。

轻中烃比率：$1000 \times \dfrac{C_1+C_2+C_3}{(C_4+C_5+C_6)^2}$

轻重烃比率：$100000 \times \dfrac{C_1+C_2+C_3+C_4+C_5}{(C_6+C_7)^3}$

重中烃比率：$\dfrac{(C_7+C_8)^2}{C_6}$

油层：由于被钻开的储层轻烃组分齐全且重组分含量高，故比率法参数显示特征为轻中烃比率、轻重烃比率负向变化（左向峰）、重中烃比率呈正向变化（右向峰），且3条曲线以储集层油层厚度进行交汇，上部的交汇点是油层顶界，下部的交汇点是油层的底界。

水层或干层：由于水层、干层中轻烃丰度较低，以少量的 $C_1 \sim C_6$ 为主，极少量 C_7、C_8、C_9，故重中烃比率呈负向变化，而轻重烃比率、轻中烃比率正向变化。

(2) 油水层轻体谱图直观识别法

① 油层：轻烃丰度、易溶于水的化合物含量高。

② 油水层：相对油层较低。

③ 含油水层：易溶于水的化合物含量极低。

4. 亮点特征值识别法

$C_3 \sim C_5$ 反映储层含水特征明显，统计鄂尔多斯盆地轻烃分析结果，干气层 C_4+C_5 的含量一般小于 C_3，含水 C_3 减小明显，而湿气轻烃 C_4+C_5 的含量一般大于 C_3，含水 C_4、C_5 减小明显，选取一个相当的值即轻烃的亮点值。

5. 结合地质信息和其他地化、测井信息综合进行解释评价

三、注意事项

① 注意解释资料污染情况的识别，辨别真假显示。

② 判断储层流体性质，要充分应用现场录井资料进行分析。

四、任务考核

1. 考核要求

① 如违章操作，将停止考核。

② 考核方式：本项目为实际操作任务，考核过程按评分标准及操作过程进行。

2. 评分标准（表 6-14）

表 6-14 样品轻烃资料分析、评价评分标准

序号	考核内容	考核要求	考核标准	配分	得分
1	数据整理	能根据气测或综合录井深度对地化样品深度进行校正归位	不会根据气测和综合录井信息进行校正归位扣10分	10	

续表

序号	考核内容	考核要求	考核标准	配分	得分
1	数据整理	能根据岩屑、岩心录井综合图对地化样品深度进行校正归位	不会进行室内解释扣10分	10	
		能根据轻烃谱图特征进行样品污染情况识别	不会进行样品污染评估扣10分	10	
		能准确进行人工谱图定性处理	不会进行谱图定性处理扣10分	10	
2	解释评价	能根据复查岩屑、壁心、岩心样品,确定油气显示段,对原始资料进行校正	不会对原始资料进行校正扣5分	5	
		要实现对储层的客观评价,首先要实现有效价值目标层的确定,通过对所分析的参数进行有效的选择,选择出能反映储层地层油气活跃性的评价参数,有效区分可能的产层和非产层。含油气性的评价参数主要通过轻烃总体丰度及重烃比例大小来进行量化评价。其次是对油气层是否含水进行精细化评价。根据影响轻烃组成的主要因素综合分析,选择代表性组分的变化特征,实现储层含水的综合评价	不能对目标层进行有效确定扣5分;不能确定储层及非储层的有效参数扣5分;没有进行精细评价扣5分	15	
3	谱图识别法	能熟练应用天然气轻烃谱图直观识别法	不能熟练应用轻烃谱图直观识别方法进行天然气谱图识别扣5分	5	
		能熟练应用油水层轻烃谱图直观识别法	不能熟练应用油水层轻烃谱图直观法进行油水谱图识别扣5分	5	
4	亮点特征值识别法	能找到合适的轻烃亮点值	不会根据亮点特征分析方法对轻烃亮点值进行确定扣10分	10	
5	解释评价	结合地质信息和其他地化、测井信息综合进行解释评价	不会解释分析扣10分	10	
6	安全生产	按规定穿戴劳保用品	未按规定穿戴劳保用品扣10分	10	
			合计	100	
备注		时间20min	考评员签字: 年 月 日		

3. 工具、材料、设备(表6-15)

表6-15 样品轻烃资料分析、评价工具、材料、设备

序号	名称	规格	单位	数量	备注
1	轻烃组分数据处理软件		套	1	
2	计算机		台	1	

五、相关知识

（一）基础原理

轻烃是石油和天然气的重要组成部分，在原油中含量最高，组分最丰富，它的生成、运移、聚集和破坏既相似于石油但又往往具有许多独有的特征，对地层的温度、压力、流水等物理化学作用很敏感，轻烃泛指原油中的汽油馏分，亦即 $C_1 \sim C_9$ 烃类（图 6-16），在正常原油中约占 20%～40%。轻烃的组成包括烷烃、环烷烃和芳香烃三族烃类。其组成特征一般以正构烷烃和异构烷烃为主，也含有较丰富的环烷烃，但芳香烃的含量较少。

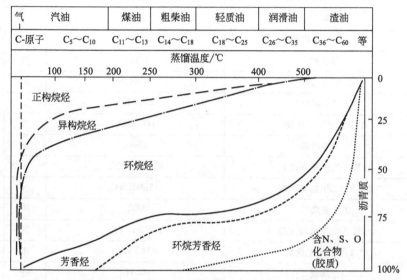

图 6-16　典型中性石油馏分和化合物组成的关系

轻烃是一种复杂的多组分混合物，储层岩石或者原油中检测到的轻烃组分有 100 多种化合物，其中包含正构烷烃、异构烷烃、环烷烃和芳香烃，是石油和天然气的重要组成部分，轻烃组分定性分析表见表 6-16。

表 6-16　轻烃组分定性分析表

峰编号	化合物名称	代号	类型	碳数
1	甲烷	nCH_4	nP	1
2	乙烷	nC_2H_6	nP	2
3	丙烷	nC_3H_8	nP	3
4	异丁烷	iC_4H_{10}	iP	4
5	正丁烷	nC_4H_{10}	nP	4
6	2,2-二甲基丙烷	$22DMC_3$	iP	5
7	2-甲基丁烷	iC_5H_{12}	iP	5
8	正戊烷	nC_5H_{12}	nP	5
9	2,2-二甲基丁烷	$22DMC_4$	iP	6
10	环戊烷	CYC_5	N	5
11	2,3-二甲基丁烷	$23DMC_4$	iP	6
12	2-甲基戊烷	$2MC_5$	iP	6

续表

峰编号	化合物名称	代号	类型	碳数
13	3-甲基戊烷	$3MC_5$	iP	6
14	正己烷	nC_6H_{14}	nP	6
15	2,2-二甲基戊烷	$22DMC_5$	iP	7
16	甲基环戊烷	$MCYC_5$	N	6
17	2,4-二甲基戊烷	$24DMC_5$	iP	7
18	2,2,3-三甲基丁烷	$223TMC_4$	iP	7
19	苯	BZ	A	6
20	3,3-二甲基戊烷	$33DMC_5$	iP	7
21	环己烷	CYC_6	N	6
22	2-甲基己烷	$2MC_6$	iP	7
23	2,3-二甲基戊烷	$23DMC_5$	iP	7
24	1,1-二甲基环戊烷	$11DMCYC_5$	N	7
25	3-甲基己烷	$3MC_6$	iP	7
26	1,顺 3-二甲基环戊烷	$c13DMCYC_5$	N	7
27	1,反 3-二甲基环戊烷	$t13DMCYC_5$	N	7
28	3-乙基戊烷	$3EC_5$	iP	7
29	1,反 2-二甲基环戊烷	$t12DMCYC_5$	N	7
30	2,2,4-三甲基戊烷	$224TMC_5$	iP	8
31	正庚烷	nC_7H_{16}	nP	7
32	甲基环己烷	$MCYC_6$	N	7
33	1,顺 2-二甲基环戊烷	$c12DMCYC_5$	N	7
34	2,2-二甲基己烷	$22DMC_6$	iP	8
35	乙基环戊烷	$ECYC_5$	N	7
36	2,5-二甲基己烷	$25DMC_6$	iP	8
37	2,4-二甲基己烷	$24DMC_6$	iP	8
38	1,反 2,顺 4-三甲基环戊烷	$ctc124TMCYC_5$	N	8
39	3,3-二甲基己烷	$33DMC_6$	iP	8
40	1,反 2,顺 3-三甲基环戊烷	$ctc123TMCYC_5$	N	8
41	2,3,4-三甲基戊烷	$234TMC_5$	iP	8
42	甲苯	TOL	A	7
43	2,3-二甲基己烷	$23DMC_6$	iP	8
44	2-甲基-3-乙基戊烷	$2M3EC_5$	iP	8
45	1,1,2-三甲基环戊烷	$112TMCYC_5$	iP	8
46	2-甲基庚烷	$2MC_7$	iP	8
47	4-甲基庚烷	$4MC_7$	iP	8
48	3,4-二甲基己烷	$34DMC_6$	iP	8
49	1,顺 2,反 4-三甲基环戊烷	$cct124TMCYC_5$	N	8

续表

峰编号	化合物名称	代号	类型	碳数
50	3-甲基庚烷	$3MC_7$	iP	8
51	1,顺 3-二甲基环己烷	$c13DMCYC_6$	iP	8
52	1,反 4-二甲基环己烷	$t14DMCYC_6$	N	8
53	1,1-二甲基环己烷	$11DMCYC_6$	N	8
54	2,2,5-三甲基己烷	$225TMC_6$	iP	9
55	1-甲基,反 3-乙基环戊烷	$t1E3MCYC_5$	N	8
56	1-甲基,顺 3-乙基环戊烷	$c1E3MCYC_5$	N	8
57	1-甲基,反 2-乙基环戊烷	$t1E2MCYC_5$	N	8
58	1-甲基,1-乙基环戊烷	$1E1MCYC_5$	N	8
59	1,反 2-二甲基环己烷	$t12DMCYC_6$	N	8
60	1,顺 2,顺 3-三甲基环戊烷	$ccc123TMCYC_5$	N	8
61	1,反 3-二甲基环己烷	$t13DMCYC_6$	N	8
62	正辛烷	nC_8H_{18}	nP	8
63	异丙基环戊烷	iC_3CYC_5	N	8
64	九碳环烷	C_9N	N	9
65	2,4,4-三甲基己烷	$244TMC_6$	iP	9
66	九碳环烷	C_9N	N	9
67	2,3,5-三甲基己烷	$235TMC_6$	iP	9
68	1-甲基,顺 2-乙基环戊烷	$c1E2MCYC_5$	N	8
69	2,2-二甲基庚烷	$22DMC_7$	iP	9
70	1,顺 2-二甲基环己烷	$C12DMCYC_6$	N	8
71	2,2,3-三甲基己烷	$223TMC_6$	iP	9
72	2,4-二甲基庚烷	$24DMC_7$	iP	9
73	4,4-二甲基庚烷	$44DMC_7$	iP	9
74	正丙基环戊烷	nC_3CYC_5	N	8
75	2-甲基,4-乙基己烷	$2M4EC_6$	iP	9
76	2,6-二甲基庚烷	$26DMC_7$	iP	9
77	1,1,3-三甲基环己烷	$113TMCYC_6$	N	9
78	九碳环烷	C_9N	N	9
79	2,5-二甲基庚烷	$25DMC_7$	iP	9
80	3,3-二甲基庚烷	$33DMC_7$	iP	9
81	九碳环烷	C_9N	N	9
82	3-甲基,3-乙基己烷	$3M3EC_6$	iP	9
83	乙苯	ETBZ	A	8
84	九碳环烷	C_9N	N	9
85	2,3,4-三甲基己烷	$234TMC_6$	iP	9
86	反 1,反 2,反 4-三甲基环己烷	$ttt124TMCYC_6$	N	9

续表

峰编号	化合物名称	代号	类型	碳数
87	顺1,顺3,反5-三甲基环己烷	cct135TMCYC$_6$	N	9
88	间二甲苯	MXYL	A	8
89	对二甲苯	PXYL	A	8
90	2,3-二甲基庚烷	23DMC$_7$	iP	9
91	3,4-二甲基庚烷	34DMC$_7$(D)	iP	9
92	3,4-二甲基庚烷	34DMC$_7$(L)	iP	9
93	九碳环烷	C$_9$N	N	9
94	4-乙基庚烷	4EC$_7$	iP	9
95	4-甲基辛烷	4MC$_8$	iP	9
96	2-甲基辛烷	2MC$_8$	iP	9
97	2,3二甲基,3-乙基己烷	23DM3EC$_6$	iP	10
98	3-乙基庚烷	3EC$_7$	iP	9
99	3-甲基辛烷	3MC$_8$	iP	9
100	邻二甲苯	OXYL	A	8
101	1,1,2-三甲基环己烷	112TMCYC$_6$	N	9
102	顺1,顺2,反4-三甲基环己烷	cct124TMCYC$_6$	N	9
103	1-甲基,2-丙基环戊烷	1M2C$_3$CYC$_5$	N	9
104	1-甲基,顺3-乙基环己烷	c1E3MCYC$_6$	N	9
105	九碳环烷	C$_9$N	N	9
106	1-甲基,反4-乙基环己烷	t1E4MCYC$_6$	N	9
107	九碳环烷	C$_9$N	N	9
108	异丁基环戊烷	iC$_4$CYC$_5$	N	9
109	2,2,6-三甲基庚烷	226TMC$_7$	iP	10
110	九碳环烷	C$_9$N	N	9
111	十碳链烷	C$_{10}$P	P	10
112	正壬烷	nC$_9$H$_{20}$	nP	9

注：CH 和 n——正构烷烃；i 及数字——异构烷烃（数字表示取代基的位置）；CY——环烷烃；c——顺式；t——反式；M——甲基；DM——二甲基；TM——三甲基；BZ、TOL、ETBZ、MXYL、PXYL、OXYL 分别表示苯、甲苯、乙苯及间、对、邻二甲苯。

（二）轻烃化合物分类

1. 烷烃

原油中 $C_1 \sim C_9$ 轻烃中烷烃的结构特点是分子中只含有"C—C"单键和"C—H"键，且都是 σ 键，分子中吸引力为范德华力。直链烷烃的沸点随分子量的增加而升高，在相同碳原子的烷烃异构体中，支链越多沸点越低。烷烃是典型的非极性分子，而水是典型的极性分子，由于氢键的存在，水分子间有较大的吸引力，而与烷烃间引力却很小，故烷烃难溶于水，由于支链的存在，使同碳数异构烷烃的溶解度稍高于正构烷烃的溶解度。烷烃分子中都是结合得比较牢固的 σ 键，烷烃的化学性质很稳定，在一定条件下可发生取代反应和氧化反应，易发生微生物降解作用，形成代谢产物。

2. 环烷烃

原油中 $C_1 \sim C_9$ 轻烃的环烷烃都为环戊烷和环己烷及其不同取代基化合物。环戊烷中 5 个碳原子位于同一平面上，内角约为 108°，接近正常键角 109.5°，角张力很小，扭转张力也很小，是比较稳定的环；环己烷的 6 个碳原子都保持了正常键角 109.5°，也是稳定的环。环烷烃的沸点比同碳数的烷烃高一些，密度也比相应的烷烃大一些，但仍比水轻，在水中的溶解度比烷烃高，且随分子量的增高而迅速减少。环烷烃的化学性质比较稳定，与开链烷烃的化学性质相似。自由能较同碳数正异构烷烃高，因此其热力学稳定性低，容易发生开环或芳构化反应，不容易被氧化，但容易发生取代反应，含季碳原子的环烷烃具有明显的抗生物降解能力。

3. 芳烃

芳烃按分子中所含苯环数目和连接方式的不同，分为单环芳烃（分子中只含一个苯环的芳烃）、多环芳烃（分子中含两个或两个以上苯环的芳烃）和稠环芳烃（分子中含两个或两个以上苯环、彼此间通过共用两个相邻碳原子稠合而成的芳烃）。原油 $C_1 \sim C_9$ 轻烃中含有一定数量的苯、甲苯、乙基苯、间二甲苯、邻二甲苯、对二甲苯共 6 个芳烃化合物。轻烃中苯和甲苯及芳烃化合物等含量与烃源岩干酪根有关，腐泥型和腐殖型成因烃类中，苯和甲苯及芳烃化合物等的含量相差很大。

由近代物理方法、分子轨道理论、共轭论和共振论解释了苯分子的特殊结构，苯分子中所有的碳原子和氢原子都在一个平面上，并形成正六边形的碳骨架，π 电子完全平均化，6 个 "C—C" 键长完全相等，可被看成是共振杂化体，共振能最大（150.72kJ/mol），故苯分子具有对称性和稳定性。同时，苯、甲苯具有微弱极性，相对其他烃类易溶于水，并随温度的升高而增加，芳烃溶解度随烷基链的长度与数量增加而降低，在水中的溶解度明显优于同碳数的烷烃和环烷烃。芳环碳原子之间均以共轭 π 键相连，具有很高的热力学稳定性，不容易被氧化，但容易发生取代反应，具有明显的抗生物降解能力。

（三）轻烃组分差异的影响因素

1. 生物降解作用

生物降解作用是微生物有选择地消耗某些烃类的现象。一般认为原油生物降解作用是发生在含氧环境的埋藏较浅的储集层中，凡是接近地表的储集层和在相对低的温度下有大气淡水进入的储集层时常会发生生物降解作用。

不同强度的生物降解作用和不同的持续时间，使油气表现出不同的转化程度。地下水把溶解的分子氧和微生物带入油藏并运移到油（气）水界面附近，在这种条件下，喜氧的生物降解处于优势地位，但同时有水洗作用。厌氧生物降解作用是某些细菌靠还原硫酸盐取得氧，使油气发生生物降解作用。喜氧和厌氧生物降解作用的结果，可导致正构烷烃、少量支链烷烃、低环环烷烃及芳香烃组分部分或全部地消失，生物降解作用可使原油组分发生改变，向重质方向变化，其生成的产物主要为甲烷和二氧化碳。

微生物蚀变是比较复杂的生物化学过程，不同菌种优先选择消耗对象也是有差别的。链烃比环烃易降解；不饱和烃比饱和烃易降解；直链烃比支链烃易降解，支链烷基越多，微生物越难降解，链末端有季碳原子时特别顽固；多环芳烃很难降解或无法被降解。

（1）生物降解作用后的正构烷烃变化特征

分子量不同的正构烷烃，其抗生物降解作用的能力是不同的。一般情况下，对于储层中的原油，细菌优先降解 $C_5 \sim C_{15}$ 正构烷烃，然后降解支链烷烃和环状烷烃。而对于储层中的天然气，在相当多情况下，细菌蚀变初期优先消耗丙烷，使湿气中丙烷含量最先减少。

(2) 生物降解作用后的异构烷烃变化特征

在研究生物降解过程对轻烃组分的影响时，国外专家认为生物降解程度要数异构己烷系列的浓度特征表现得最为清楚，在正常石油中，异构己烷有下列浓度系列：2-甲基戊烷＞3-甲基戊烷＞2,3-二甲基丁烷＞2,2-二甲基丁烷，而当原油遭受生物降解作用的时候，异构己烷抗生物作用的能力正好与正常原油异构的浓度系列相反。生物降解不同程度异构烷烃的变化特征见表 6-17。通过异构己烷系列可识别生物降解作用的存在。

表 6-17　生物降解作用与异构己烷浓度系列变化

生物降解程度	异构己烷浓度变化顺序
第一阶段较低强度降解	$2\text{-}MC_5 > 3\text{-}MC_5 > 2,3\text{-}DMC_4 > 2,2\text{-}DMC_4$
第二阶段一般强度降解	$2\text{-}MC_5 \approx 3\text{-}MC_5 > 2,3\text{-}DMC_4 > 2,2\text{-}DMC_4$
第三阶段中等强度降解	$3\text{-}MC_5 > 2\text{-}MC_5 > 2,3\text{-}DMC_4 > 2,2\text{-}DMC_4$
第四阶段较严重的降解	$3\text{-}MC_5 > 2,3\text{-}DMC_4 > 2\text{-}MC_5 > 2,2\text{-}DMC_4$ $2,3\text{-}DMC_4 > 3\text{-}MC_5 > 2\text{-}MC_5 > 2,2\text{-}DMC_4$ $2,3\text{-}DMC_4 > 3\text{-}MC_5 > 2,2\text{-}DMC_4 > 2\text{-}MC_5$
第五阶段严重的降解	正己烷全部消失，然后是 $2\text{-}MC_5$，乃至朝全部烷烃消失的方向发展

1987 年，美国学者 Mango 用色谱分析了全球（主要北美）2258 个不同类型的原油轻烃，如图 6-17 和图 6-18 所示。发现原油中 2-甲基己烷、2,3-二甲基戊烷、3-甲基己烷、2,4-二甲基戊烷四个异庚烷化合物尽管质量分数变化很大，（从 0.1%～10%），但它们的比值呈一种特定比例，即 [(2-甲基己烷＋2,3-二甲基戊烷)/(3-甲基己烷＋2,4-二甲基戊烷)]≈1，这个比值后来被称为 K1。研究发现，在同一个油族中 K1 值是恒定的，而对于不同源岩的油样 K1 值则不同，$(2MC_6+23DMC_5)/(3MC_6+24DMC_5)$ 轻烃指纹参数不仅可以用于原油的分类和气-油-源岩的对比，而且还可以用于同源油气形成后经水洗、生物降解、热蚀变等影响造成的细微化学差异的判别。

轻烃化合物中异构烷烃如 3,3-二甲基戊烷、2,2,3-三甲基丁烷、2,2-二甲基戊烷、2,4-二甲基戊烷及 2,2,-二甲基丁烷等是化学稳定性较差、易溶于水并含季碳原子的异构烷烃，当发生生物降解作用时，轻烃比值参数 $22DMC_3/CYC_5$、$(22DMC_5+223TMC_4+33DMC_5)/11DMCYC_5$ 等会明显减小。

就 C_7 类烃中不同支链烷烃而言，单甲基链烷烃比双甲基链烷烃和三甲基链烷烃优先降解，2-甲基己烷比 3-甲基己烷优先降解，甲基位于末端位置的比位于中间位置的异构体更易于被细菌攻击。因此当储层遭受生物降解作用时，轻烃比值参数如异庚烷值、$MCYC_6/(2MC_6+3MC_6)$ 等参数会有明显变化。

2. 水洗作用

水洗作用是指储层中水体对储层原油进行冲刷、溶解以及水淹造成的一系列物理改造作用。由于石油中不同组分在水中的溶解度存在差异（表 6-18），在饱含水的地层中运移时，油气组分要发生一定的变化。

由于烃类的溶解度不同，使水选择性地吸收某些烃，也改变原油的组成。其中，原油在水中溶解度较高的低分子量芳香烃，是受影响较明显的组分（图 6-19）；而天然气中受影响较明显的是 C_2 以后的重组分。由于油（气）水共存，较易溶于水的组分如苯、甲苯、丙烷、丁烷、戊烷等组分发生减少、缺失，使油气层和水层在地球化学特征上发生显著的差异。

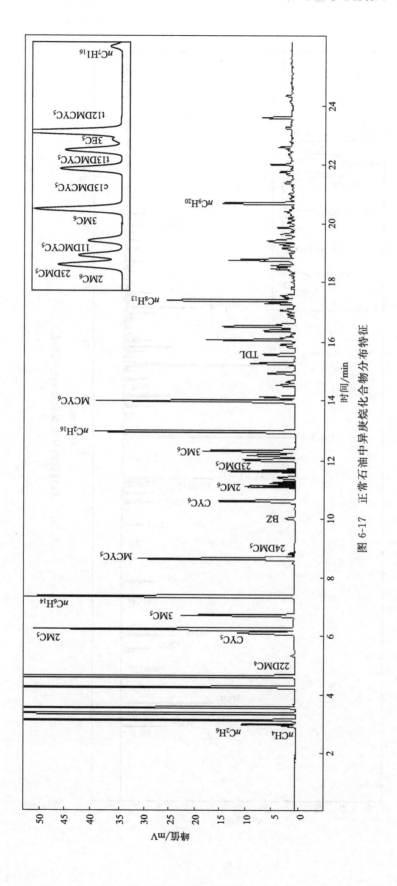

图 6-17　正常石油中异庚烷化合物分布特征

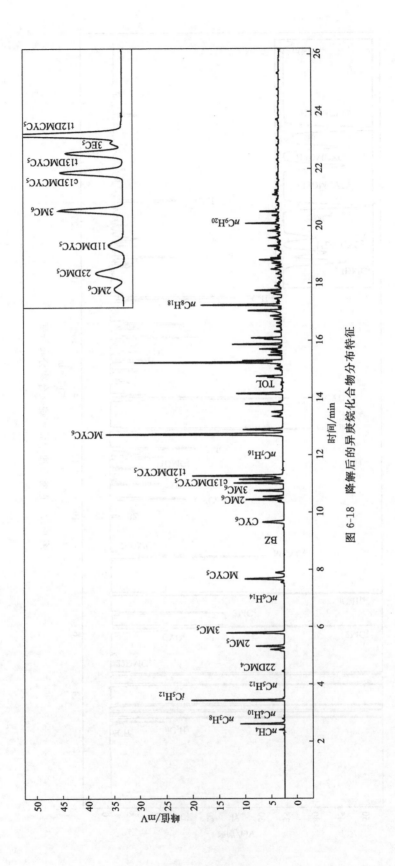

图 6-18 降解后的异庚烷化合物分布特征

表 6-18　部分烃组分标准状态下的水中溶解度

组分	溶解度/g·10^6g	组分	溶解度/g·10^6g
甲烷	24.2	2-甲基戊烷	13.8
乙烷	60.4	正庚烷	2.93
丙烷	62.4	正辛烷	0.66
正丁烷	61.4	2,2,4-三甲基戊烷	2.44
异丁烷	48.9	苯	1740
正戊烷	38.5	甲苯	538
异戊烷	47.8	邻二甲苯	175
正己烷	9.5	乙苯	159

由于芳烃水中的溶解度远远大于环烷烃，水洗作用将导致 BZ/CYC_6、$TOL/MCYC_6$、$TOL/11DMCYC_5$ 等参数明显减小。

水洗作用大致有两种类型：一是油藏底部地层水内部循环系统的活动，可带走油藏底部原油的易溶于水的芳烃和轻质成分；二是断层或不整合面导致浅层淡水淋滤，这种类型往往与挥发作用、生物降解作用伴生（图 6-19）。水洗作用一般对原油中轻烃组成不产生很大的影响，它只不过将原油中易溶于水的芳烃、轻烃组分带走；生物降解作用对石油的组成改变明显，使原油变稠变重。生物降解作用发生在较浅处，细菌常常嫌弃环状化合物，因为许多芳香化合物对细菌来说是有毒的。因此，带季碳原子的环烷烃、苯和环基苯系列出现异常高丰度是微生物降解的特征。当地温太高，达 100℃ 以上时，细菌无法生存和繁殖，这似乎是生物降解作用上限的标志，但水流依然能流经石油（油藏或过渡带），发生水洗作用。区分水洗或生物降解作用可选取 TOL/nC_7，甲苯易溶于水，水洗作用可导致其比值减小；芳烃由于有毒，抗生物降解能力较强，正庚烷是所有 C_7 类烃中抗微生物降解能力最敏感的化合物，生物降解作用可导致其值增大。

（四）储层流体性质评价方法

1. 谱图直观法

（1）气层轻烃谱图的基本特征

当气层被钻开后，吸附在岩屑中的天然气和泥浆混合，随泥浆上返，压力逐渐降低。在到达井口和泥浆槽的过程中，游离气和泥浆中的溶解气大部分以扩散方式溢出，其余的残留烃以吸附的形式残留于岩屑和泥浆中，由于泥浆可能会干扰轻烃的解析分析，故需要清洗掉表面的泥浆，那么剩余的就是真正的地层中的残留天然气信息。所以轻烃分析甲烷相对含量比光谱气测低，但由于采用加热解吸的方式，脱气效率高，重组分含量明显比气测含量高。干气层组分一般可检测到微量的 C_5（图 6-20），湿气层可检测到微量的 C_9（图 6-21）。

（2）气水同层或含气水层轻烃谱图的基本特征

当气层含水分为气水同层或含气水层，从物理特性上来说，气层含水会造成少量气态重烃在水中的溶解，当气层含水量很高时，轻烃显示特点是丰度较低，组分不全，主要为甲烷、乙烷、丙烷、丁烷、戊烷以后的相对组分含量逐渐变小，含水越高越明显（图 6-22）。当为纯水层时，轻烃检测到的只有微量的甲烷和乙烷（图 6-23），整体丰度极低。

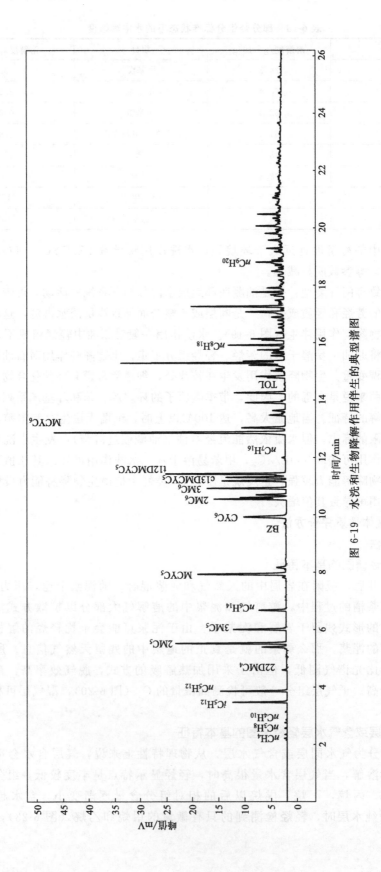

图 6-19 水洗和生物降解作用伴生的典型谱图

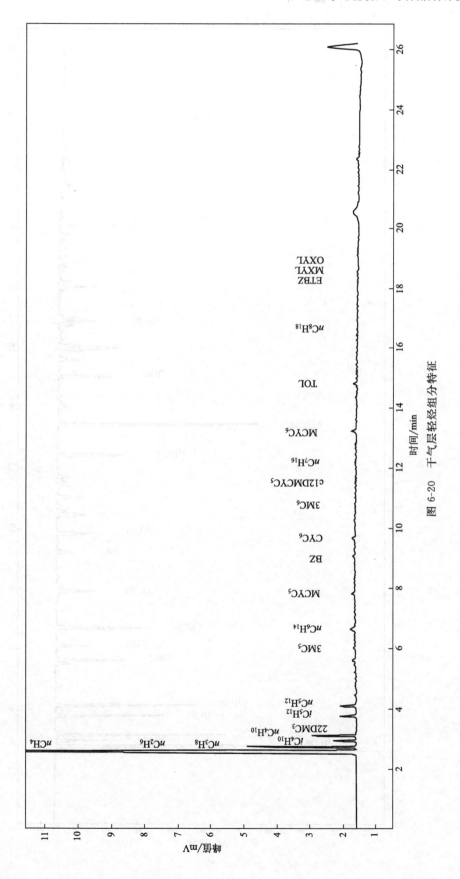

图 6-20 干气层轻烃组分特征

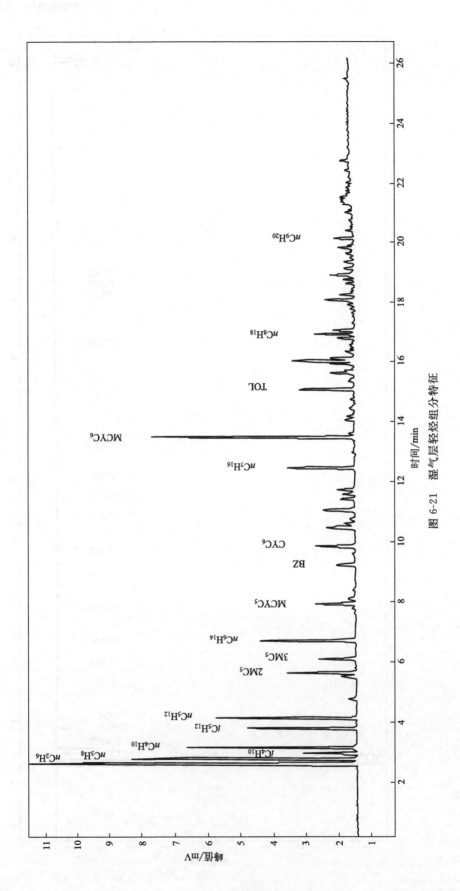

图 6-21 湿气层轻烃组分特征

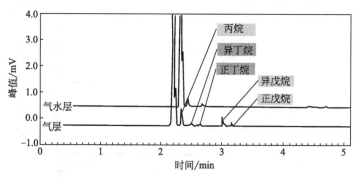

图 6-22　气层和气水层轻烃组分变化对比图

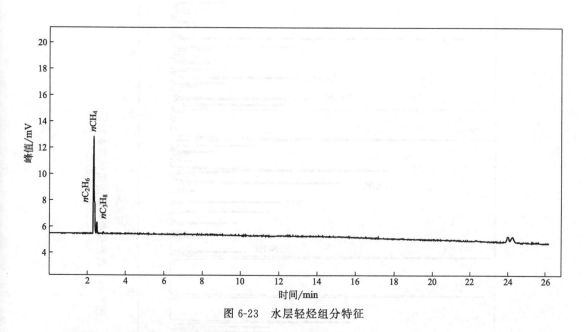

图 6-23　水层轻烃组分特征

（3）油层轻烃谱图的基本特征

轻烃含量和油层的含油丰度相关，油层由于重组分含量高，解吸困难，在钻井破碎和循环过程烃损失少，出峰组分相对较全，且丰度值高。在同一分析和取样条件下，同地区油层的轻烃含量远大于油水同层及其他性质的储集层，特别是 Σ（$C_6 \sim C_9$）丰度值高（图 6-24）；易溶于水的化合物的相对百分含量高，且基本稳定在某一值。

（4）油水同层轻烃谱图的基本特征

由于油水同层中油水长期共存，在水的作用下，导致易溶于水和化学性质不稳定的芳烃、季碳官能团及较易溶解于水的多支链异构烷烃减少或消失（图 6-25）。

（5）含油水层或水层轻烃谱图的基本特征

真正的水层是很难检测到轻烃组分的，含残余油的水层或含油饱和度低、油的相对渗透率为零的不产油层，这样的储集层才有可能检测到轻烃。由于在水的作用下，油遭受的次生演化程度强烈，导致易溶于水的、化学性质不稳定的轻烃减少或消失，轻烃含量比油水同层低；芳烃、带季碳官能团的异构烷烃及较易溶解于水的多支链异构烷烃与稳定的环烷烃极少或检测不到（图 6-26）。

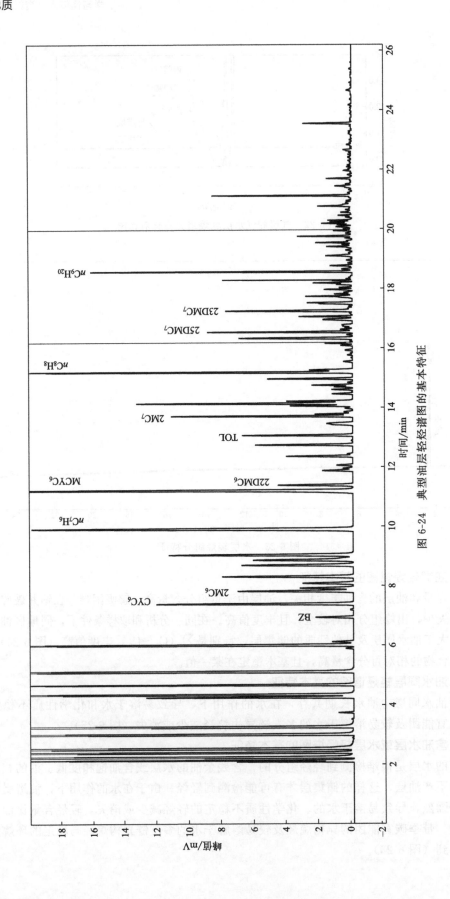

图 6-24 典型油层轻烃色谱图的基本特征

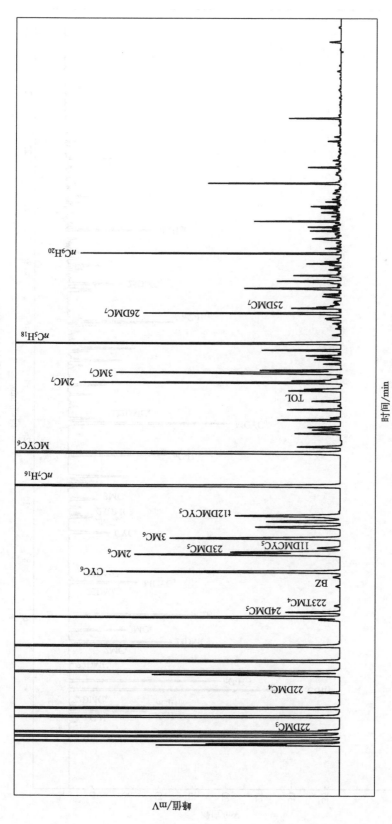

图 6-25 典型油水同层轻烃谱图的基本特征

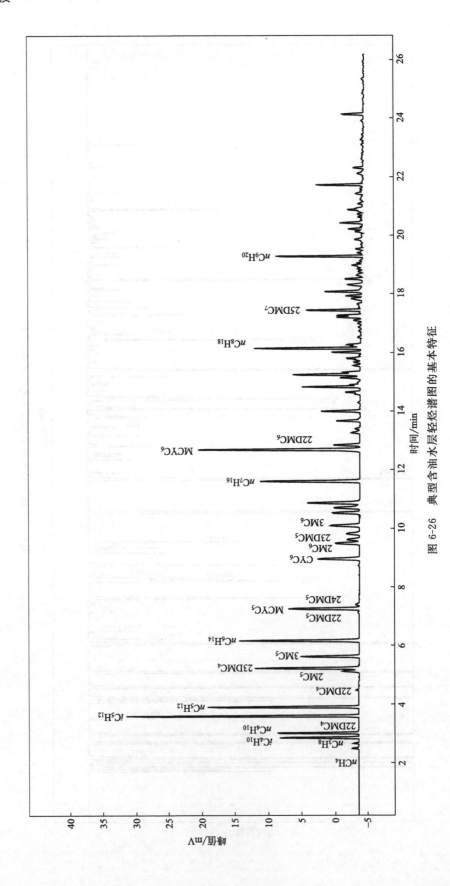

图 6-26 典型含油水层轻烃谱图的基本特征

2. 参数评价法

轻烃化合物的含量和组成，不仅取决于原油的成因类型和演化程度，而且在更大程度上取决于成藏后的次生蚀变作用，水洗、生物降解等作用在很大程度上改变了储层中原油轻烃的分布特征。在成因类型、热演化程度相同的情况下，主要依据生物降解和水洗等作用，找出轻烃参数的变化规律，从而识别油水层。常见油气水层评价参数见表 6-19。

表 6-19 油气水层评价参数

序号	参数	计算方法与意义
1	戊烷异构化系数	iC_5/nC_5，异戊烷和正戊烷的比值，在有机质的成熟度和运聚生成环境条件一致的前提下，微生物优先消耗正构烷烃，而异构烷烃有较强的抵抗力，导致了较高的比值，该值可反映 C_5 类烃中生物降解程度
2	正己烷指数	$nC_6/(CYC_6+MCYC_5) \times 100\%$，正己烷对生物降解作用比较敏感，该值可反映 C_6 类烃中生物降解程度
3	庚烷值 PI2	庚烷值 $PI2 = nC_7/(CYC_6 + 2MC_6 + 23DMC_5 + 11DMCYC_5 + 3MC_6 + c13DMCYC_5 + t13DMCYC_5 + t12DMCYC_5 + 224TMC_5 + ECYC_5 + nC_7H_{16} + MCYC_6) \times 100\%$，$C_7$ 类烃中正庚烷对生物降解作用最为敏感，环烷烃具有较强的抗生物降解能力，并且随着生物降解程度的增加，单取代向多取代转变，形成一系列异己烷浓度系列，生物降解导致其值变小
4	异构己烷指数	$(2MC_5-3MC_5)/(23DMC_4-22DMC_4) \times 100\%$，$C_6$ 类烃中，在正常石油中，异构己烷有下列浓度系列：$2MC_5>3MC_5>23DMC_4>22DMC_4$，而当原油遭受生物降解的时候，异构烷抗生物作用的能力正好与正常原油异构的浓度系列相反
5	偕二甲基丙烷系数	$22DMC_3/CYC_5$，2,2-二甲基丙烷和环戊烷的比值。C_5 类烃中，2,2-二甲基丙烷为含季碳原子异构烷烃，化学稳定性较差、易溶于水，比值减小含水可能性大
6	偕二甲基七碳烷烃指数	$(22DMC_5 + 223TMC_4 + 33DMC_5)/11DMCYC_5 \times 100\%$，$C_7$ 类烃中 $22DMC_5$、$223TMC_4$、$33DMC_5$ 是 C_7 类烃中化学稳定性较差、易溶于水并含季碳原子的异构烷烃，在成熟原油中通常为微量组分；$11DMCYC_5$ 是所有 C_7 类烃中抗微生物降解能力最强的环烷烃，水洗作用可导致其比值减小
7	异庚烷值 PI1	异庚烷值 $PI1 = (2MC_6 + 3MC_6)/(11DMCYC_5 + c13DMCYC_5 + t13DMCYC_5 + t12DMCYC_5) \times 100\%$，也叫石蜡指数，就 C_7 类烃中不同支链烷烃而言，单甲基链烷烃比双甲基链烷烃和三甲基链烷烃优先降解，环烷烃抗微生物降解能力较强，生物降解作用可导致其比值减小
8	单甲基己烷指数	$MCYC_6/(2MC_6+3MC_6) \times 100\%$，烷基化程度和烷基化位置是影响微生物降解的两个主要因素，就 C_7 类烃中不同支链烷烃而言，单甲基链烷烃比双甲基链烷烃和三甲基链烷烃优先降解，2-甲基己烷比 3-甲基己烷优先降解，甲基位于末端位置的比位于中间位置的异构体更易于被细菌攻击；$MCYC_6$ 抗微生物降解能力较强，生物降解作用可导致其比值增大
9	苯系数 AN	BZ/CYC_6，苯和环己烷的峰面积比值。苯极易溶于水，该值可反映 C_6 类烃中的水洗程度
10	甲苯系数 AN1	$TOL/MCYC_6$ 甲苯和甲基环戊烷峰面积的比值，甲苯易溶于水，水洗作用导致其值变小
11	甲苯系数 AN2	$TOL/11DMCYC_5$，甲苯和 1,1-二甲基环戊烷峰面积的比值，甲苯易溶于水，$11DMCYC_5$ 是所有 C_7 类烃中抗微生物降解能力最强的环烷烃，水洗作用可导致其比值减小
12	甲苯系数 Apn	TOL/nC_7，甲苯和正庚烷面积的比值，甲苯易溶于水，但芳烃由于有毒，抗生物降解能力较强，正庚烷是所有 C_7 类烃中抗微生物降解最敏感的化合物，水洗作用可导致其比值减小，生物降解作用可导致其值增大。当原油遭受"蒸发分馏作用"时，芳烃的含量相对于相似分子量的正构烷烃会增加，链烷烃相对于环烷烃的丰度会下降，随气相或轻质油向浅处构造或圈闭运移聚集 TOL/nC_7 值相对较低

3. 解释图版法

选取以上轻烃评价参数,建立了几种轻烃录井油气水层解释评价图版。

(1) 甲苯/甲基环己烷与重中烃比率解释图版

重中烃比率:$\Sigma(C_7 \sim C_9)/\Sigma(C_5 \sim C_6)$ 值越大,反映地下储层油气含量越高;芳烃水中的溶解度远远大于环烷烃,$TOL/MCYC_6$ 的变化趋势可以充分反映地下原油被水改造的程度。统计的鄂尔多斯盆地延长组试油井资料重中烃比率、$TOL/MCYC_6$ 与储层性质关系如图 6-27 所示。

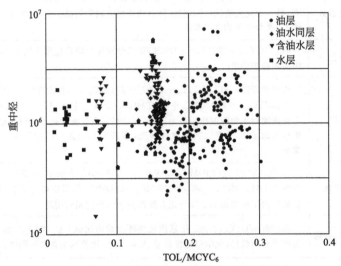

图 6-27 甲苯/甲基环己烷-重中烃比率解释图版

从图版分布看,油层甲苯/甲基环己烷都大于 0.17,储层含水甲苯/甲基环己烷都小于 0.17;而重中烃比率油层与含水的储层差异不大,但有的含油水层的重中烃比率却比油水同层高,反映出是残余油的特征。

(2) 轻烃指纹与 $\Sigma(nC_4 \sim nC_8)/\Sigma(iC_4 \sim iC_8)$ 解释图版

图 6-28 是轻烃指纹参数与 $\Sigma(nC_4 \sim nC_8)/\Sigma(iC_4 \sim iC_8)$ 解释图版。

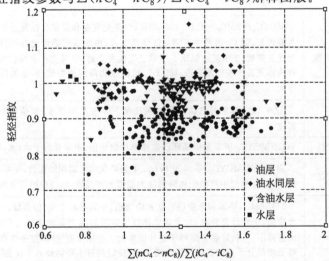

图 6-28 轻烃指纹参数与 $\Sigma(nC_4 \sim nC_8)/\Sigma(iC_4 \sim iC_8)$ 解释图版

一般情况下，水洗和生物降解的原油，正构烷烃受到破坏，而异构烷烃相对富集，$\Sigma(nC_4 \sim nC_8)/\Sigma(iC_4 \sim iC_8)$ 比值参数会随水洗、生物降解程度的增加逐渐减小；而储层含水导致轻烃指纹参数变大。统计分析不同区块的 $(2MC_6+2,3DMC_5)/(3MC_6+2,4DMC_5)$ 与 $\Sigma(nC_4 \sim nC_8)/\Sigma(iC_4 \sim iC_8)$ 关系，发现具有很好的规律，不受区域和层位的限制。

(3) $nC_7/MCYC_6$ 与 TOL/nC_7 **解释图版**

水洗作用将原油中易溶于水的甲苯带走，导致 TOL/nC_7 变小。生物降解作用容易破坏正构烷烃，导致 $nC_7/MCYC_6$ 降低。统计的鄂尔多斯盆地试油井两个参数与储层流体性质关系见图 6-29，该图版反映的油水变化规律较为明显，对残余油识别和降解油识别有较好的效果。

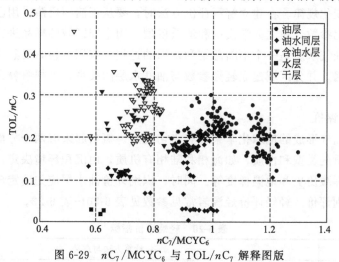

图 6-29　$nC_7/MCYC_6$ 与 TOL/nC_7 解释图版

(4) $TOL/MCYC_6$ 与 $MCYC_5/22DMC_4$ **解释图版**

水洗作用将原油中易溶于水的甲苯带走，导致 $TOL/MCYC_6$ 变小；$22DMC_4$ 化学稳定性较差、易溶于水，水洗和生物降解作用导致 $22DMC_4/MCYC_5$ 变小。通过 $TOL/MCYC_6$ 与 $MCYC_5/22DMC_4$ 解释图版可有效识别油水变化（图 6-30）。

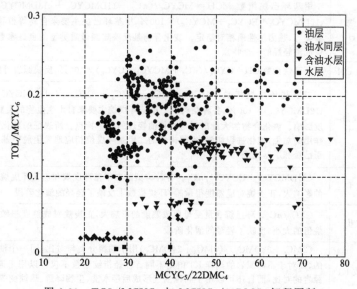

图 6-30　$TOL/MCYC_6$ 与 $MCYC_5/22DMC_4$ 解释图版

通过以上轻烃评价参数及图版分析可以看出，评价参数的选取是充分利用轻烃资料解决地质问题的关键。在实际工作中，轻烃录井人员必须掌握作业工区的区域地质背景及成藏条件，了解原始有机质的类型、有机质的热演化程度等内在因素可能导致的轻烃组成的差异；在相同地质背景条件下，应全面分析油气可能遭受次生蚀变作用，如生物降解、氧化作用、水洗作用等可能引起轻烃参数的变化情况；要从大量资料的统计中寻找轻烃化合物之间的地质-地球化学关系，特殊原油如高密度、高黏度、强氧化降解、生物降解的储集层评价，应用时注意区别对待。同时，要善于观察与分析不同样品（岩屑、岩心、井壁取心样品）的共性与个性，援引相关技术的资料进行对比或旁证，判别不同样品的轻烃特征，找出其中的特殊化合物的相对变化规律。在建立解释评价方法时，要从正演到反演，用已知试油、试气的数据寻找特征对比参数，建立数学模型和地质模型，用未知区域的样品进行验证。总之，应用轻烃资料评价油气水层是一个不断总结和认识的过程，应用资料时要熟练掌握可能导致轻烃参数变化的原因，并分区域建立轻烃参数与油气水层的关系，这样解释评价才能更加合理准确。

（五）烃源岩评价

轻烃组成与油气形成的地球化学条件有密切关系。概括起来有两个方面：一是成因内在方面的原始有机质的类型和性质，如海相和陆相有机质，由沉积环境决定；二是有机质的热演化程度、涉及埋藏历史和地温梯度等。同时，识别评价油水层应先确定成因类型和成熟度指标后再分类识别评价。轻烃评价烃源岩常见参数见表 6-20～表 6-22。

表 6-20 轻烃评价指标

序号	参数	计算方法与意义
1	石蜡指数 PI1	石蜡指数 $PI1 = (2MC_6 + 3MC_6)/(11DMCYC_5 + c13DMCYC_5 + t13DMCYC_5 + t12DMCYC_5) \times 100\%$，也叫异庚烷值，用来研究母质类型和成熟度。正庚烷主要来自藻类和细菌，对成熟度十分敏感，是良好的成熟度指标
2	庚烷值 PI2	庚烷值 $PI2 = nC_7/(CYC_6 + 2MC_6 + 23DMC_5 + 11DMCYC_5 + 3MC_6 + c13DMCYC_5 + t13DMCYC_5 + t12DMCYC_5 + 224TMC_5 + ECYC_5 + nC_7H_{16} + MCYC_6) \times 100\%$，用来研究母质类型和成熟度，次生蚀变作用会改变其值大小
3	甲基环己烷指数 MCH	甲基环己烷指数 $MCH = MCYC_6/(nC_7 + 11DMCYC_5 + c13DMCYC_5 + t13DMCYC_5 + t12DMCYC_5 + ECYC_5 + MCYC_5) \times 100\%$，甲基环己烷主要来自高等植物木质素、纤维素和糖类等，热力学性质相对稳定。该化合物是反映陆源母质类型的良好参数，它的大量出现是煤成油轻烃的一个特点
4	环己烷指数 CH	环己烷指数 $CH = CYC_6/(nC_6 + MCYC_5 + CYC_6) \times 100\%$，反映源岩母质类型
5	二甲基环戊烷指数 DMCP	二甲基环戊烷指数 $DMCP = (nC_6 + 2MC_5 + 3MC_5)/(c13DMCYC_5 + t13DMCYC_5 + t12DMCYC_5) \times 100\%$，各种结构的二甲基环戊烷主要来自水生生物的类脂化合物，并受成熟度影响。该化合物的大量出现是海相油轻烃的一个特点。所表征的地化意义是随着热力学作用的加强，演化进程加深，不同构型的二甲基环戊烷相应地发生脱甲基和开环作用而成为正己烷和甲基戊烷
6	环烷指数 I	$(\Sigma DMCYC_5 + ECYC_5)/nC_7$。各种构型的二甲基环戊烷和乙基环戊烷含量受母质成熟度的影响大，正庚烷对成熟度很敏感，环烷指数 I 反映了轻烃的演化阶段
7	环烷指数 II	CYC_6/nC_7。环己烷含量受母质成熟度的影响大，正庚烷对成熟度很敏感，环烷指数 II、庚烷值的大小，反映了轻烃的演化阶段
8	Mango 指数 K1	$(2MC_6 + 23DMC_5)/(3MC_6 + 24DMC_5)$ 用于油源分类与对比，同一个油族中 K1 值是恒定的，而对于不同源岩的油样 K1 值则不同。轻烃指纹参数不仅可以用于原油的分类和气-油源岩的对比，而且还可以用于同源油气形成后经水洗、生物降解、热蚀变等影响造成的细微化学差异的判别，反映油气的运移和保存条件

表 6-21 轻烃分析母质类型判别标准

母质类型	甲基环己烷指数 $MCYC_6$/%	环己烷指数 CYC_6/%
腐泥型Ⅰ型	<(35±2)	<(27±2)
腐泥型Ⅱ型	(35±2)~(50±2)	
腐殖型Ⅲ型	>(50±2)	>(27±2)

表 6-22 轻烃分析成熟度判别标准

成因类型	环烷指数Ⅰ	环烷指数Ⅱ	庚烷值/%	演化阶段
腐泥型 Ⅰ型、Ⅱ型	>3.8	>3.0	0~5	未成熟
	3.8~0.34	3.0~0.64	5~30	成熟
	0.34~0.11	0.64~0.38	>30	高成熟
	<0.11	<0.38		过成熟
腐殖型 Ⅲ型	>14	>40	0~5	未成熟
	14~0.50	40~2.2	5~30	成熟
	0.50~0.13	2.2~0.54	>30	高成熟
	<0.13	<0.54		过成熟

1. 原始有机质类型和性质

石油天然气是沉积有机质经过一系列生物和化学作用形成的,某些性质是由原始的有机质所决定。不同沉积环境下形成的有机-无机组合,是油气生成的物质基础,也决定了有机质在向油气演化过程中的基本特征。储层岩或原油中的轻烃在组成性质上同石油一样,化学组成的某些特征是由生油母质继承下来的,会受到原始有机质性质的影响。

烃源岩有机质母质类型是决定烃类及轻烃特征的主要因素之一,据 Leytheauser(1979年)研究的结果,来源于腐泥型母质的轻烃组成中富含正构烷烃,来源于腐殖型的富含异构烷烃和芳烃;Snowdon(1982 年)指出,富含环烷烃的凝析物也是陆源母质的重要特征;当不同储层中存在腐泥型和腐殖型 2 种成因类型或轻烃成因类型的指标差别较大时,评价参数界限值或评价标准应明显不同。同时,轻烃成熟度也会对评价参数值有影响。根据有机质来源,一般将其分为海相和陆相有机质两大类。不同的生物来源和沉积环境所形成的有机质类型与组成总存在一定的差异。

(1) 海相有机质

海相有机质主要由浮游植物藻类,其次是各种浮游动物提供。它们富含蛋白质、类脂化合物及部分碳水化合物。由海相有机质形成的Ⅱ型干酪根具有丰富的环状物质,这种干酪根在深成作用过程中,比陆相有机质能形成更多的多环环烷烃类化合物和芳香烃、胶质沥青质。有时也可以生成较多的含硫化合物。海相有机质形成的石油,一般饱和烃含量占原油的 30%~70%,芳香烃含量占原油的 25%~26%,高于陆相原油。

(2) 陆相有机质

陆相有机质主要由植物组成,富含纤维素和木质素(高等植物),其次还含有其他碳水化合物、蛋白质和脂类化合物,还包含高分子量的脂肪烃类和与其密切相关的蜡,以及由脂肪变成中等链长的脂肪酸。陆相有机质一般相当于Ⅲ型干酪根,在少数情况下也形成Ⅰ型干酪根。当经受深成作用时,首先产生烷烃及很少量的环状分子,然后是气,硫含量不高。在这类石油中,饱和烃含量占原油的 60%~90%,其中正异构烷烃、单双环烷烃均较丰富。芳香烃低于海相有机质所形成的石油,占总量的 10%~30%,大部分是单双环芳烃化合物。

2. 有机质热演化程度

热演化作用主要指高温裂解作用和高温转化作用，两者往往交织在一起产生相同的效应，是在储层进入深层作用带基础上发生的。有机质热演化过程具有明显的阶段性，不同演化阶段形成的石油具有不同的化学组成，主要表现在化学组成的纵向规律性变化。①在埋藏较浅处即生油岩尚未成熟，可直接从活的生物体中合成少量烃类，在特定条件下也可从干酪根中分解出少量的杂原子化合物，形成重质石油；②在生油窗范围内，因热催化动力因素，干酪根裂解形成大量的正常石油；③随着埋藏深度的增加，热裂解作用影响到储集的石油，使轻质烃类逐渐增多，达到某一深度界限后，就只有气态烃类。因此，石油可以分成未成熟或低成熟石油、成熟石油和高成熟石油。

在油田中观察到的石油性质随埋深及地质时代的变化反映了与有机质成熟度有关的石油成分变化的规律。这些规律主要是：①随着深度的增加重烃碳链断裂，形成低分子量烷烃，异构石蜡烃脱去有关侧链转化为正石蜡烃，最复杂的异构石蜡烃分裂也能形成低分子量烷烃，比重随深度增加而下降；②石油含硫量随深度增加而下降；③石油中各种烃类随深度增加而有规律地变化。这主要表现在轻质馏分含量增加，烷烃含量增大，尤其是正构烷烃含量迅速增大。低成熟度的石油中异戊二烯烃、甾萜类化合物比较丰富，高成熟石油中以低分子量正构烷烃为主，生物标志化合物含量低。

任务四　样品红外光谱资料分析、评价

一、学习目标

① 了解红外光谱测试参数代表的油气含量的地质意义。

② 能够利用红外光谱参数值进行解释评价工作，并建立解释图版。

二、任务实施

(一) 解释井段的确定

① 对象：目标层。

② 界线：以同一岩性段作为目标层分层界线分析的基本单元，以可产出不同流体性质的界线作为目标层分层界线划分的依据。

③ 深度、厚度：以地球物理测井曲线为依据确定目标层的井段和厚度，钻井取心井段以岩心归位后确定的深度和厚度为准；无地球物理测井曲线的井段，根据录井资料进行确定。

④ 目标层划分最小单位：依据不同油区实际情况予以确定。

(二) 资料处理

① 对录井剖面进行深度归位。

② 对目标层内录井参数进行处理。

(三) 光谱解释

光谱解释参数主要有全烃、烃组分（$C_1 \sim C_5$）、非烃（H_2、CO_2）。根据其变化趋势，结合地质、后效等方法对解释层位进行评价。

油层：全烃含量较高，峰宽且较平缓，幅度比值较大；烃组分齐全，重烃含量较高；全

脱分析值一般高于现场烃组分分析值;后效反应明显;钻时低。

水层:不含溶解气的纯水层气测无异常,含有溶解气的水层一般全烃值较低,烃组分不全,主要为C_1,全脱分析高于现场烃组分分析值,无后效反应或反应不明显。

气层:全烃含量高,曲线多呈尖峰状,幅度比值较大;烃组分一般不全,C_1的相对含量一般在95%以上;全脱分析多低于现场烃组分分析值;后效反应明显。

解释评价应选择与本地区构造、层位相适宜的解释方法,并建立解释图版。

(四)光谱解释成果表

根据光谱解释参数绘制综合录井图,通过参数变化趋势、谱图形态、地质资料等综合解释评价层位,将结论填在解释成果表中。

三、注意事项

钻遇油气显示层后,每次下钻应循环钻井液,检测气态烃、CO、CO_2的百分含量,注意后效气检测。

四、任务考核

1. 考核要求

① 如违章操作,将停止考核。
② 考核方式:本项目为实际操作任务,考核过程按评分标准及操作过程进行。

2. 评分标准(表6-23)

表6-23 样品红外光谱资料分析、评价评分标准

序号	考核内容	考核要求	考核标准	配分	得分
1	解释井段的确定	会确定对象目标层	不会确定对象目标层扣5分	5	
		会确定界线:以同一岩性段作为目标层分层界线分析的基本单元,以可以产出不同流体性质的界线作为目标层分层界线划分的依据	不会确定界线扣5分	5	
		会确定深度、厚度:以地球物理测井曲线为依据确定目标层的井段和厚度,钻井取心井段以岩心归位后确定的深度和厚度为准;无地球物理测井曲线的井段,根据录井资料进行确定	不会确定深度、厚度每项扣5分	10	
2	资料处理	会对录井剖面进行深度归位	不会对录井剖面进行深度归位扣10分	10	
		会对目标层内录井参数进行处理	不会对目标层内录井参数进行处理扣10分	10	
3	光谱解释	油层:全烃含量较高,峰宽且较平缓,幅度比值较大;烃组分齐全,重烃含量较高,全脱分析值一般高于现场烃组分分析值;后效反应明显;钻时低	不会解释油层扣10分	10	
		水层:不含溶解气的纯水层气测无异常,含有溶解气的水层一般全烃值较低,组分不全,主要为C_1,全脱分析高于现场烃组分分析值,无后效反应或反应不明显	不会解释水层扣10分	10	

续表

序号	考核内容	考核要求	考核标准	配分	得分
3	光谱解释	气层:全烃含量高,曲线多呈尖峰状,幅度比值较大;烃组分一般不全,C_1的相对含量一般在95%以上;全脱分析多为低于现场烃组分分析值;后效反应明显	不会解释气层扣10分	10	
		解释评价应选择与本地区构造、层位相适宜的解释方法,并建立解释图版	选择解释方法不适宜扣5分;建立解释图版不准确扣5分	10	
4	光谱解释成果表	根据光谱解释参数绘制综合录井图,通过参数变化趋势、谱图形态、地质资料等综合解释评价层位,将结论填在解释成果表中	光谱解释成果表填写不全、不准确扣10分	10	
5	安全生产	按规定穿戴劳保用品	未按规定穿戴劳保用品扣10分	10	
			合计	100	
备注		时间为20min	考评员签字: 年 月 日		

3. 工具、资料、设备(表6-24)

表6-24 样品红外光谱资料分析、评价工具、资料、设备

序号	名称	规格/m	单位	数量	备注
1	地球物理测井曲线	100	份	1	
2	红外光谱数据	100	份	1	
3	计算机		台	1	

五、相关知识

(一)红外光谱原理

红外光谱气体录井是利用气态烃、CO、CO_2能吸收红外光的原理,当钻井液中脱出的气体经过脱水、除尘处理进入红外光谱样品室后,气体受到干涉调频的红外光辐射吸收一部分光能,使透射光强度减弱,记录红外光的百分透射比与波数或波长关系曲线,就得到相应气体的红外光谱。依据所测得的红外光谱吸收峰的位置、形状,定性识别不同气体,依据吸收峰的强度和所建模型定量计算样品气的含量。

(二)解释评价

1. 参数比值法

气测解释方法虽多,其本质是一致的,均是通过组分间的比值建立与油气水层的关系。但是绝大部分方法是单个深度的气体合成图。

储层烃类组分不同,脱出的气体成分也不同。干气如果有重烃组分的话,例如C_4或C_5,也会显示出非常低的重烃含量,而油层重烃组分不仅全,而且含量较高。烃类密度的增加将会导致重组分的比例增加,在储层中烃类气体的密度会反应到在地面上捕获的气体成分,因而从干气到重原油重烃的比例应该是增加的。

通过多年的现场验证,参数比值法已经成功地应用于揭示地层流体的性质上,基本可以揭示地层流体类型和含油气性是两个需要及时评估的参数，是目前红外光谱综合解释评价油气层的最佳方法。气体比率法：

轻中烃比率：$$\frac{10 \times C_1}{(C_1 + C_2)^2} \tag{6-15}$$

轻重烃比率：$$\frac{100 \times (C_1 + C_2)}{(C_4 + C_5)^3} \tag{6-16}$$

重中烃比率：$$\frac{(C_4 + C_5)^2}{C_3} \tag{6-17}$$

轻中烃比率和轻重烃比率曲线在分子上有轻组分，因此随着重组分含量的增加，轻中烃和轻重烃曲线就向左倾斜。在重中烃比率曲线中重组分放在分子上，因此随着烃类重组分的增加，重中烃曲线就向右倾斜。

2. 烃比值法

$$B = C_3 / (C_4 + C_5) \tag{6-18}$$
$$P = C_1 + C_2 + C_3 + C_4 + C_5 \tag{6-19}$$
$$M = PB \tag{6-20}$$

同样，随着重组分含量的增加，B 值相对的有减小的趋势（向左倾斜），总烃 P 又反映了油气充注的整体丰度，不管干气、湿气和油层，P 都是一个变大的趋势。如果我们把油气层的 P 值与 B 值结合在一起考虑，那么不管是干气层、湿气层还是油层，他们应该具有一个相当的值，用 M 表示。我们让 P、B 值二者相乘，那么油气层的综合值 M 将呈现高值，M 曲线向右倾斜，油气层特征得到较好的体现。储层含水时会出现都变得更小的趋势（都向左倾斜）。

气井不同流体性质参数分布规律如下。

(1) 气层

如图 6-31 所示，由于被钻开气层 C_1、C_2、C_3 均有显现，而 C_4、C_5 含量相对较少，故气体比率法参数显示特征为轻中烃比率负向变化（左向峰）、轻重烃比率亦负向变化（左向峰）、重中烃比率呈正向变化（右向峰）。

气层如可检测到 C_4 与 C_5，一般 B 特征值 $C_3/(C_4 + C_5)$ 减小，气层中甲烷-乙烷占绝对优势，M 特征值 $[C_3/(C_4 + C_5)] \times (C_1 + C_2 + C_3 + C_4 + C_5)$ 将增大。

(2) 气水层

如图 6-32 所示，气水同层由于地层水对气体的溶解度已达到过饱和状态，剩余气体则游离于水体之上而成为气水同层。从物理特性上来说，气层含水会造成气态烃的重烃在水中的溶解，被钻开气水层 C_1、C_2 均有显现，而 C_3、C_4、C_5 含量相对较少，故气体比率法参数显示特征为轻中烃比率仍为负向变化（左向峰）、轻重烃比率亦仍为负向变化（左向峰）、重中烃比率呈正向变化（右向峰），但变化幅度与气层不同。

气水层一般 C_4 与 C_5 值变小，则 B 特征值 $C_3/(C_4 + C_5)$ 增大，气水层中甲烷、乙烷占绝对优势，M 特征值 $[C_3/(C_4 + C_5)] \times (C_1 + C_2 + C_3 + C_4 + C_5)$ 也将增大。

(3) 含气水层

如图 6-33 所示，含气水层由于地层中水占据了主要的储集空间，由于水溶作用，导致重组分含量极低。当钻入含油水层的地层时，红外光谱气测中检测到的气体主要是地层水侵

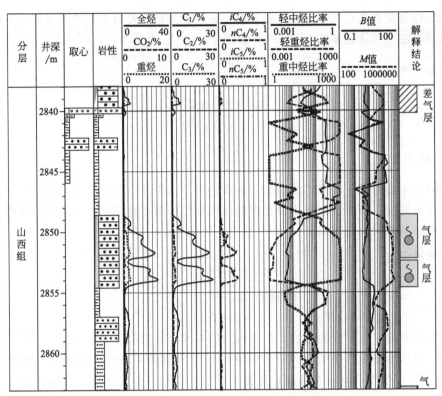

图 6-31 典型气层红外光谱参数特征

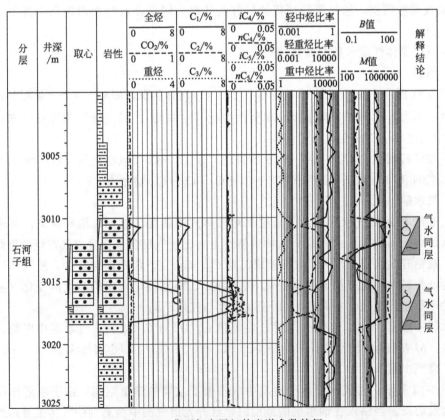

图 6-32 典型气水层红外光谱参数特征

入井筒中的溶解气和部分游离气，造成红外光谱气测总烃值减小。由于分子量越小，解吸能力越强，组分以 C_3 前为主；这样气体比率法参数显示特征为轻中烃比率仍为负向变化（左向峰）、轻重烃比率亦仍为负向变化（左向峰）、重中烃比率呈正向变化（右向峰），但变化幅度很小。但含水量很大时，由于水层中含有极少量或少量气体，以极少量或少量的 C_1、C_2 为主，极少量 C_3、C_4、C_5，故重中烃比率呈负向变化，而轻重烃比率急剧正向变化，轻中烃比率亦正向变化。而 B 特征值 $C_3/(C_4+C_5)$ 和 M 特征值 $[C_3/(C_4+C_5)]\times(C_1+C_2+C_3+C_4+C_5)$ 都有变小的趋势。

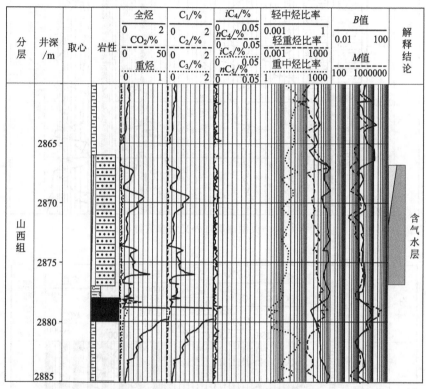

图 6-33 典型含气水层红外光谱参数特征

（4）油层

如图 6-34 所示，由于被钻开的储集层气体组分齐全且含量高，故气体比率法参数显示特征为轻中烃比率负向变化（左向峰）、轻重烃比率亦负向变化（左向峰）、重中烃比率呈正向变化（右向峰），变化幅度比气层大。且轻中烃与轻重烃、重中烃比率以储集层油层厚度进行交汇，上部的交汇点是油层顶界，下部的交汇点是油层的底界图段。

油层 C_4 与 C_5 含量高，一般 B 特征值 $C_3/(C_4+C_5)$ 减小幅度比气层大，M 特征值 $[C_3/(C_4+C_5)]\times(C_1+C_2+C_3+C_4+C_5)$ 也将增大。

（5）油水层

如图 6-35 所示，当钻入油水同层的地层时，地层中的油、水同时向井筒中侵入，因为油层中溶解的气体远大于水层，所以组分的变化主要反映在油层溶解气分离，水层的影响较小。因此，在红外光谱气测上与油层的特征相似，气体比率法参数显示特征为轻中烃比率负向变化（左向峰）；轻重烃比率亦负向变化（左向峰），重中烃比率呈正向变化（右向峰），变化幅度比油层小。

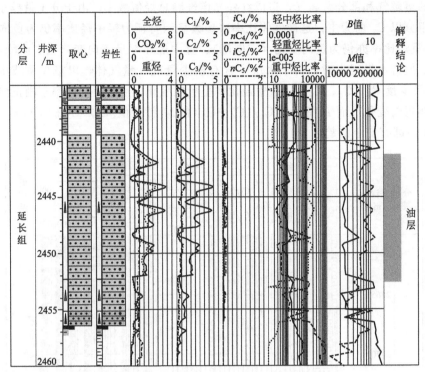

图 6-34 典型油层红外光谱参数特征

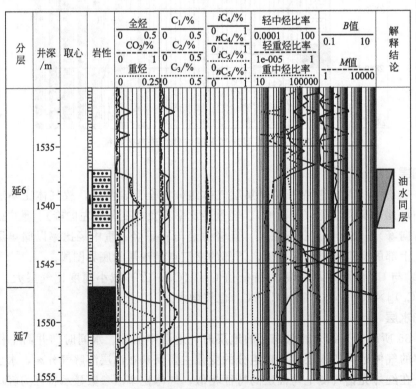

图 6-35 典型油水层红外光谱参数特征

由于油水过渡带的水可能溶解部分重烃气，C_3、C_4 与 C_5 含量相对低，一般 B 和 M 整体偏低，但 B 特征值 $C_3/(C_4+C_5)$ 和 M 特征值 $[C_3/(C_4+C_5)] \times (C_1+C_2+C_3+C_4+C_5)$ 在剖面上反映是增大趋势。

（6）含油水层

如图 6-36 所示，地层中水占据了主要的储集空间，使得油层溶解气的能力改变。当钻入含油水层的地层时，含水饱和度增大，使溶解在水中的残余油重烃气更易从流体中脱离出来，原比率关系遭到破坏，故气体比率法参数显示特征为轻中烃比率负向变化（左向峰）；由于残余油的影响，轻重烃比率负向变化明显（左向峰）、重中烃比率呈正向变化（右向峰）。

残余油中的重烃气使 B 特征值 $C_3/(C_4+C_5)$ 整体减小幅度比油水层大，但显示段有增大的特征；M 特征值 $[C_3/(C_4+C_5)] \times (C_1+C_2+C_3+C_4+C_5)$ 虽有增大，但相对油层或油水层也呈现相对减小的趋势。

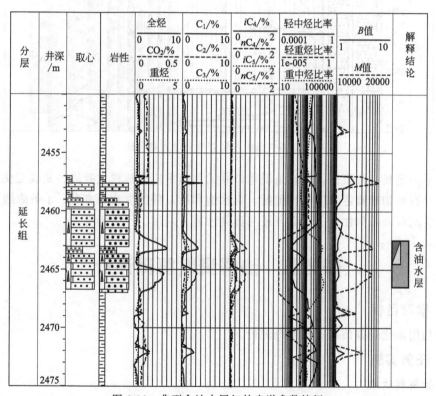

图 6-36 典型含油水层红外光谱参数特征

（7）水层

如图 6-37 所示，不含溶解气的纯水层气测无异常，含有溶解气的水层由于烃类气体在地层水中的溶解度都很低，含烃气量较低，重组分一般被围岩吸附，只有甲烷、乙烷、丙烷等微量气体。当钻入水层的地层时，气体比率法参数显示特征为轻中烃比率正向变化（右向峰）、轻重烃比率正向变化明显（右向峰）、重中烃比率呈负向变化（左向峰）。

含溶解气的水层 B 特征值 $C_3/(C_4+C_5)$ 和 M 特征值 $[C_3/(C_4+C_5)] \times (C_1+C_2+C_3+C_4+C_5)$ 整体减小。

如图 6-37 所示，使用这组曲线时，曲线的变化和烃类的类型有较好的相关性，但在相

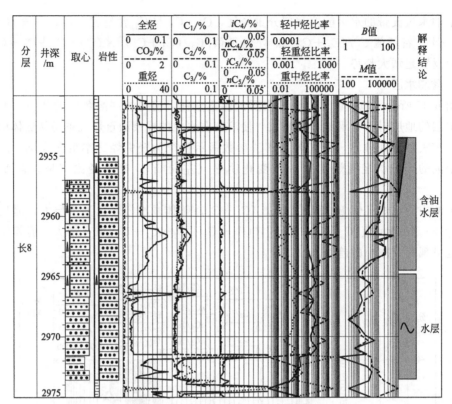

图 6-37 典型水层红外光谱参数特征

邻井区并不一定具有代表性,也就是说每口井的剖面都应该被独立看待。曲线变化幅度随着泥浆类型、石油物理属性(例如孔隙度、含水饱和度)等的变化而变化。3 条曲线的变化不仅与井眼状况和油藏属性有关,而且还与流体性质、温度、压力等有关。

任务五　热解资料解释评价

一、学习目标

综合利用地化录井信息进行解释评价。

二、任务实施

1. 原始资料收集

收集区域地质资料(主要包括构造、岩性、油气藏类型、地球物理等资料)。

收集邻井资料(主要包括岩性、物性、油气显示情况、录井特征、解释成果等资料)。

收集本井资料(地质设计、各项录井资料、反映油气情况的第一性资料)。

2. 资料处理校正

不同地质因素和钻井条件对资料的影响程度不同,造成资料的可靠程度不同。因此解释前充分了解影响因素至关重要,要明确显示异常的原因,从不同侧面分析论证,判别显示的真伪性。影响因素主要表现如下。

(1) 现场影响因素

井眼尺寸、钻时、井口气逸散、脱气效率、循环的钻井液、抽吸、冲击、井壁卡塌等,资料应用必须考虑各方面可变的因素影响。同时需要对气测背景值、钻井液类型及黏度影响进行校正。

(2) 取样密度影响

取样密度低会影响解释结果，单层取样间距越密，越能够反映储层的真实含油性。

(3) 样品挑选的影响

碎屑岩岩性变化较大，储层物性变化也较大，非均质性也异常突出。因此样品的代表性、真假岩屑的识别是保证地化分析质量的关键。

(4) 仪器性能的影响

仪器不稳定、精度差，就不能反映出地下油气的真实信息，定期检验仪器的："三性"（稳定性、线性、重复性）非常重要。

(5) 原油性质及取样分析时间

岩样返出井筒后时间越长，其轻烃组分损失越多，尤其是在样品颗粒较小和油质偏轻的情况下，烃损失更加严重。密闭可有效减少烃损失。

(6) 成岩性及样品清洗的影响

岩屑清洗不可用水猛冲猛洗；洗出微露岩样见本色即可。疏松的砂岩或PDC钻头破碎的岩屑，应采用漂洗方法。

(7) 储层物性与地质条件

物性好，烃损失大，物性差，烃损失小；孔洞或裂缝等特殊储集空间油气受钻井液冲刷作用影响大，含油级别降低。

3. 解释参数及解释方法选择

(1) 地化录井相互关系表（表6-25）

表6-25 地化录井相互关系表

序号	录井技术	有效参数	应用范围
1	气测录井	全烃、$C_1 \sim C_5$ 组分关系	钻井液
2	轻烃录井	$C_1 \sim C_9$ 烃类组分关系，芳烃与异构烷烃组成变化	岩屑、岩心、壁心
3	岩石热解	S_0、S_1、S_2、PG、轻重比、地化亮点	岩屑、岩心、壁心
4	热解色谱	$C_{10} \sim C_{40}$ 烃类组分组成、正构烷烃变化、未分辨化合物	岩屑、岩心、壁心
5	核磁共振	Φ、S_o、BVM、BVI、可动水饱和度、束缚水饱和度	岩心、壁心

(2) 方法优选

对各地化录井方法进行解释评价，每种录井技术优选效果理想的解释评价方法，利用各地化录井参数特点进行解释评价。

4. 油水系统划分

结合地质条件，通过层内对比、层间对比、井间对比划分油水系统，进行储集层评价、含油气丰度评价、流体性质评价、产能评价等。

5. 综合解释结论

根据单项录井技术各参数所表征的油藏物理意义，分析对精细解释的贡献率和综合解释评价所占的权重，综合确定解释结论。

三、注意事项

① 选择合适的录井技术方法对不同现场情况进行分析。

② 对现场资料的处理，明确资料产生误差的原因，及时分析及时修正。

四、任务考核

1. 考核要求

① 如违章操作，将停止考核。

② 考核方式：本项目为实际操作任务，考核过程按评分标准及操作过程进行。

2. 评分标准（见表6-26）

表6-26　热解资料解释评价评分标准

序号	考核内容	考核要求	考核标准	配分	得分
1	原始资料收集	取全取准区域地质资料、邻井资料和本井资料	不能取全地质资料扣5分；不能全取准邻井资料扣5分；不能全取准本井资料扣10分	20	
2	资料处理校正	要明确不同因素对录井资料的影响，能够判别显示异常的原因，从不同侧面分析论证，判别显示的真伪性	不能判断原始资料异常产生原因扣10分；原因考虑不充分扣10分	20	
3	解释参数及解释方法选择	能根据现场实际条件，以解决问题为根本目的，优选录井方法	不能明确各个录井方法适用条件的扣10分	10	
		能根据各个录井方法的特点，以每种录井技术的好坏优选效果理想的解释评价方法，利用各地化录井参数特点进行解释评价	不能根据录井方法本身特点进行资料分析的扣10分	10	
4	油水系统划分	能结合地质条件，通过层内对比、层间对比、井间对比划分油水系统，进行储集层评价、含油气丰度评价、流体性质评价、产能评价等	对储集层相关参数评价过程中，依据不充分的扣10分	10	
5	综合解释结论	能根据单项录井技术各参数所表征的油藏物理意义，分析对精细解释贡献率和综合解释评价所占的权重，综合确定解释结论	不能分析出精细贡献率的扣5分；不能确定综合解释评价所占权重的扣5分；不能综合确定解释结论的扣10分	20	
6	安全生产	按规定穿戴劳保用品	未按规定穿戴劳保用品扣10分	10	
			合计	100	
备注		时间为20min	考评员签字： 　　　　　年　月　日		

五、相关知识

（一）综合性解释评价

每项录井技术检测的录井信息不相同，且单项录井技术都具有自身的优势与局限性，各种录井资料由于技术条件、适用条件的限制有时出现表征矛盾，必须坚持综合性的评价原则。了解各种方法之间的联系与约束，发挥各种录井方法的互补性，互为印证或补充，才能保证录井解释评价结果的合理性。

（二）相关性解释评价

岩石孔隙性的好坏直接决定岩层储存油气的数量；渗透性的好坏表明流体的渗滤能力，决定了储集层内所含油气的产能。

（三）变化趋势分析

油层-油水同层-水层的变化过程：发生在油水过渡带。产层含油饱和度的降低与自由水含量增加直接相关，与所处的构造位置及油水系统的变化直接相关。由于产层孔隙空间自由水的增加，并占据有效的流动通道，引起产层中水的流动能力增大。反映在录井资料上是产层含油性数值的减小。

　　油层-低产油层-干层的变化过程：含油性的降低受自身的孔隙结构和渗透率变化的控制。由于岩石颗粒变细或泥质含量增加而造成孔隙半径普遍变小以及微孔隙所占的比例增加，因而使产层束缚水含量增大。从流体在多孔介质中的渗流机制来看，孔隙空间的水依然处在一种不能流动的状态。因此，不会造成油气层出水，只会相对地降低油（气）层的产量。随着产层孔隙半径和渗透率的继续变小，束缚水含量继续增加，最后趋于干层。

参 考 文 献

[1] 杨柳孝.钻井地质工.山东：石油大学出版社，1997.
[2] 段仁春，张丽珍.钻井地质工试题库.山东：石油大学出版社，2000.
[3] 汪新文.地球科学概论.北京：地质出版社，1992.
[4] 中国石油天然气总公司勘探局.钻探地质录井手册.北京：石油工业出版社，1993.
[5] 徐本刚，韩拯忠.油矿地质学.北京：石油工业出版社，1982.
[6] 冯增昭.沉积岩石学.北京：石油工业出版社，1993.
[7] 徐开礼，朱志澄.构造地质学.北京：地质出版社，1989.
[8] 潘钟祥.石油地质学，北京：地质出版社，1986.
[9] 陈立官.油气田地下地质学.北京：地质出版社，1983.
[10] 常子恒.石油勘探开发技术.北京：石油工业出版社，2001.
[11] 地质监督与录井手册编辑委员会.地质监督与录井手册.北京：石油工业出版社，2001.
[12] 邬立言，丁莲花等.油气储集岩定性定量评价.北京：石油工业出版社，2000.
[13] 吴元燕，陈碧珏等，油矿地质学.北京：石油工业出版社，1998.
[14] 郑界勇.气测工.北京：石油工业出版社，1996.
[15] 黎文清，李世安.油气田开发地质基础.北京：石油工业出版社，1997.
[16] 中国石油天然气总公司劳资局.钻井工.山东：石油大学出版社，1995.
[17] 中国石油天然气总公司人事部.应用文写作.北京：石油工业出版社，1999.
[18] 裘亦楠，谢叔浩等，油气储层评价技术.北京：石油工业出版社，2000.
[19] 赵庆波.煤层气地质与勘探技术.北京：石油工业出版社，1999.
[20] 大港油田科技丛书编委会.录井技术.北京：石油工业出版社，1999.
[21] 中国石油天然气集团公司人事服务中心.钻井地质工（上册）.山东：中国石油大学出版社，2004.
[22] 中国石油天然气集团公司人事服务中心.钻井地质工（下册）.山东：中国石油大学出版社，2004.